U0257880

编委会

主　编

蔡学美

副主编

聂曼影

译　者

（按音序排列）

陈　菲　方志华　封盛龙　聂曼影

史　金　王　熹　晏　杰　张淑霞

数字音频对象制作和保存指南

（第二版）

GUIDELINES ON THE PRODUCTION AND PRESERVATION OF DIGITAL AUDIO OBJECTS

(SECOND EDITION)

国际音像档案协会技术委员会　编

蔡学美　编译

目录

contents

译者前言

国际音像档案协会（International Association of Sound and Audiovisual Archives，IASA）于1969年在阿姆斯特丹成立，最初是从国际音乐图书馆协会（International Association of Music Libraries）派生出来的。它是一个非政府的国际性组织，为联合国教科文组织众多团社成员之一。其宗旨是支持、鼓励并促进音像档案的相互交换、编目、使用、版权保护、保存等诸多领域的专业信息交流。IASA目前有70多个国家和地区的会员，这些会员包括音像档案工作者、机构和部分私人收藏家。他们分别来自不同的专业领域，如音乐、历史、文学、民俗、语言学、民族学等，从事音乐、口述历史、人物采访、生物声学、环境、医疗录音、语言学、方言乃至法庭辩论等各种录音、录像及其编目保存工作。

近年来，数字音频技术迅速发展，成为影视、录音、音乐制作等工作中的一种全新的声音处理手段，得到越来越广泛的应用。与此同时，音频制品如何规范地制作，如何科学地长期保存，也引起了越来越广泛的关注，成为一个亟待解决的问题。为了顺应新技术的应用，并且应对应用过程中带来的风险，IASA于2009年修订发布了《数字音频对象制作和保存指南》（第二版）（*Guidelines on the Production and Preservation of Digital Audio Objects*，Second Edition），对数字音频相关技术和操作给出了规范化的指导意见。该指南提出了数字音频制作和保管的相关标准建议、操作实践和方法策略，是各国相关专业人员开展数字音频制作和音像档案保存的指导性文件。目前，该指南已被译为法语、西班牙语等多种文字，在世界范围内得到越来越广泛的认可和使用。

我国很多音像制作和保管人员也从相关途径了解到该指南的有关情

况，但由于语言的障碍，难以更好地参考和借鉴。2016 年，笔者到阿联酋参加联合国教科文组织世界记忆项目会议，巧遇新加坡档案馆的彭莱蒂博士，恰好她在为该指南寻找中译本的翻译出版合作对象。虽知技术指南的翻译难度较大，但为了让国内音像档案工作者早日方便使用该指南，回国后笔者便与同事策划了一个财政部基本科研业务费项目“国际合作与交流——数字文件及数字信息可信度研究”，其中一部分内容是本指南的翻译出版。经过彭莱蒂博士的牵线搭桥，国家档案局档案科学技术研究所与 IASA 签署了正式的翻译出版合同。经过同事们近两年的努力，本书终于要与读者见面了。希望《数字音频对象制作和保存指南》（第二版）中译本的出版有助于我国档案馆、图书馆、相关研究机构及音像制品独立保管机构的音像制作和保管人员学习和了解国际先进的音像档案保管理论和方法，促进我国数字音频制作实践水平的提升。

本书由国家档案局档案科学技术研究所的 8 位研究人员共同翻译。第 1、2、4 章和第 5 章 5. 6. 6 ~5. 6. 10 节由史金翻译，第 3 章由方志华翻译，第 5 章 5. 1 ~5. 5 节由王熹翻译，第 6 章 6. 1 ~6. 3. 11 节由聂曼影翻译，第 6 章 6. 3. 12 ~6. 6. 6 节由张淑霞翻译，第 7 章和第 5 章 5. 7 节由陈菲翻译，第 8 章由晏杰翻译，第 9 章、第二版前言、第一版引言和第 5 章 5. 6. 1 ~5. 6. 5 节由封盛龙翻译。聂曼影、王熹、张淑霞和晏杰 4 位同事对稿件进行了大量修改和校订工作。王良城、李铭、杜梅、王红敏、安小米、陶水龙、程亮等专家为本书的翻译提出了不少宝贵意见。在此谨对参与本书翻译、校订和出版工作的同人表示衷心的感谢，由于译者水平有限，错误和不妥之处在所难免，恳请专家和广大读者批评指正。

蔡学美

2019 年 1 月

北京

第二版前言

通过讨论加强音频保护工作的重要基本原则，探讨、规范和记录专业音频档案工作者采取和推荐的实践经验，我们能够分辨日常工作中的优势和劣势。在2004年出版《数字音频对象制作和保存指南》（IASA－TC 04）第一版后，尽管国际音像档案协会技术委员会（IASA Technical Committee）对上一版感到骄傲，但也认为，毫无疑问有必要出版第二版以探讨我们还需进一步开展工作的领域。在这四年中，我们作为一个委员会在不断进步，许多领域的专业知识有所拓展，并帮助制定了包含可持续工作和保存实践的标准和体系。第二版得益于此，包含了很多在不断发展的通过数字手段进行音频可持续性保存的领域中至关重要的内容。

尽管我们加入了很多新的信息，完善了很多基础性的章节，但第二版中的建议与第一版并不冲突。《数字音频对象制作和保存指南》主要来源于《音频遗产保护——规范、原则和保存策略》（IASA－TC 03）。TC 03的修订版出版于2006年，囊括了数字音频存档的新发展，也考虑了更具实践作用的TC 04中的内容。2006年版的TC 03专注于原则，比之前的版本更完善，而本指南正是那些原则的具体体现。

TC 04第二版的修订内容主要集中在数字仓储和架构的相关章节。第3章“元数据”在内容上进行了大幅扩展，并且提出了关于数据和元数据管理方法的重要建议，以便对数据进行保存、格式转换、分析、发现和使用。本章内容涵盖了从格式到内容管理与交换的架构，考虑了数据字典、方案、本体和编码的主要模块。与之紧密相关的第 4 章“唯一标识符和持久标识符”则提供了关于文件和数字作品命名和编号的指导意见。

新增的第 6 章“用于保存的目标格式和系统”围绕开放档案信息系统参考模型（OAIS）中确定的功能类别进行建构。具体包括：摄取、档案存储、保存计划、系统管理和数据管理以及数据存取，使用这个概念模型的意义有二：首先，它使用与主要存储库和数据管理系统的架构设计相同的功能类别，这意味着它具有与现实世界的相关性。其次，识别数字保存策略中独立和抽象的组成部分，可以使档案工作者能够对保存工作的各个部分做出决定，而不用从整体上去解决和实施。

第 9 章“合作关系、项目规划和资源”也是一个全新的章节。如果藏品管理者决定将音频藏品保存涉及的全部或部分过程外包出去，那么这一章可以为所需考虑的一些问题提供参考。

第 7 章“小规模数字存储系统的解决方案”讨论了应该如何建立规模虽小，但仍遵循第 6 章中涉及的原则和质量的低成本数字管理系统。

第 8 章回顾了光盘存储涉及的风险，并提出了管理建议。同时也指出，第 6 章和第 7 章中的建议在数字内容长期管理方面更具参考价值。

第 5 章“原始载体中信号的获取”是在第一版中最实用、信息量最大的组成部分之一。它仍然是实践知识以及有关标准和建议的信息的来源，在重审第一版的过程中，我们完善了信号提取的章节，增加了一些非常有用的建议。5.7“外景录音技术和归档方法”是额外增加的小节，该节讨论了如何创建用于长期档案存储的外景录音内容。

第 2 章“关键原则”仍遵循第一版中提出的标准，但给出了更详尽的解释，并用更加精准的语言给出了技术信息，特别是与数字转换过程相关的技术信息。

《数字音频对象制作和保存指南》是国际音像档案协会技术委员会的诚意之作，不仅饱含原始稿本起草者的辛劳，还包括那些重审和分析各章节直到令人满意的相关工作人员的付出。我要向我在技术委员会里的朋友和同人致敬，感谢他们分享自己的智慧。本书新版本的质量就是对他们专业水平的最好印证。

凯文·布拉德利

2008 年 11 月

003

第一版引言

在过去几年，数字音频的发展水平之高，已经可以有效且经济地应用于保护任何规模的音频藏品。随着音频与数据系统的整合、相关标准的制定以及人们对数字音频传输机制的广泛接受，数字存储方式已经取代其他所有媒介，成为音频保存的不二选择。随着时间的推移，无损克隆的数字音频技术有能力解决音频档案所涉及的诸多问题。然而，在将模拟音频转换为数字音频、传输到存储系统、管理和维护音频数据、提供访问和确保存储信息完整性的一系列过程中，都会面临新的风险，必须控制好这些风险，才能确保实现数字保存和存档的益处。如果未能采取有效措施应对这些风险，将会导致数据及其价值，甚至是音频内容遭受重大损失。

国际音像档案协会（IASA）技术委员会出版的《数字音频对象制作和保存指南》（简称 IASA 指南），旨在为音像档案工作者提供关于数字音频实体制作和保存的专业方法的指导。该指南是 IASA 技术委员会先前《音频遗产保护——规范、原则和保存策略》（IASA - TC 03，2001）的实操成果，涉及为保存目的将模拟音频原件制作成数字副本，将数字原件存入存储系统，以及为长期保存目的录制数字形式的原始材料等方面的内容。数字化的任何过程都是可选的，因为模拟音频内容本身的信息量比数字目标信号能为潜在用户提供更多的信息，而模拟到数字转换的标准永久地固化了音频解析率的上限，除非对某些部分做特殊处理，才可能只限制部分损失。

本指南主要包含三个部分：

①标准、原则和元数据；

②原始载体中信号的提取；

③目标格式。

标准、原则和元数据 任何档案馆都承担着四个基本任务：收集、记录、利用和保存，首要任务则是保存好馆藏信息（IASA - TC 03，2001）。然而，收集和记录的任务如果与符合适当标准且规划良好的数字保存策略相结合，则有助于提供访问。只有妥善保存才能长期利用。

坚持遵循适合于数字音频保存的被广泛接受和使用的标准，是音频保存的基础与必要条件。IASA 指南建议对所有双轨道音频在 .wav 或优选 BWF. wav 文件（EBU Tech 3285）中采用线性脉冲编码调制（PCM），（对于立体声则采用交错方式）；强烈建议不要使用任何感知编码（即“有损压缩”）；建议所有音频数字化时采用 48 kHz 或更高的采样率，位深至少为 24 bit。模数转换（A/D）是一个要求精确的过程，因此，集成到计算机声卡中的低成本转换器不能满足档案保存项目的要求。

一旦编码为数据文件，音频的保存就面临着与所有数字数据共有的许多相同问题。要解决这些问题，首先要分配唯一不变标识符（PI）并提供适当的元数据。元数据并不只是让用户或档案馆识别内容的描述性信息，也包括能够识别和重放音频的技术信息，以及那些用于保存音频生成过程信息的保存性元数据。基于此，才可以保证音频内容的完整性。数字档案馆依赖于全面的元数据来管理馆藏内容。精心策划的数字档案馆会自动生成大多数元数据，而且应包括原始载体及其格式、保存状态、重放设备和参数，数字解析度、数字格式，使用的所有设备，过程中涉及的操作员，以及采取的任何过程或程序。

原始载体中信号的提取 “音频档案馆必须确保在重放过程中，录制信号尽可能恢复到与当初录制时相同或更好的保真标准……（另外）载体是信息的搬运工：包含想要的声音内容的主要信息以及可能以多种形式呈现的附属或从属信息。主要信息和从属信息都是音频遗产的组成部分。”（IASA－TC 03，2001）

为了充分利用数字音频具有的潜力，必须遵守上述原则，并确保音频原件的重放是在充分认识所有可能存在问题的基础上进行的。这需要了解以往的音频技术，并对重放技术的进步有所认识。本指南对适合的情形提出了有关重放以往的机械格式和其他已过时格式的建议，包括圆筒式唱片和粗纹唱片、钢丝和办公口授留声系统、乙烯基密纹唱片、模拟磁带、盒式磁带和盘式磁带、数字磁性载体比如数字音频磁带（DAT）及基于此格式的录像磁带，还有光盘介质诸如 CD 和 DVD 等。本指南对每种格式都提出了建议，包括最佳副本的选择、清洁、载体修复、重放设备、速度和重放均衡、对未校准的录制设备引起的错误的校正、去除与存储相关的人为信号，以及数字化过程所需的时间。所有这些都是指南中谈及的重要问题，其中包含了相关的行为准则，而后者尤为重要，因为许多数字化计划没有为音频转录过程中存在的相当大的时间限制做好预算。

必须客观地确定上述所有参数，并保存每个过程的适当记录。数字存储及相关技术和标准，通过有链接关系的相关元数据字段中生成的文档及其存储，实现了良好的音频存档行为准则方法。

目标格式 数据可以凭借多种方式和许多载体进行存储，适当的技术类型将取决于机构及其收藏的情况。IASA 指南提供了关于各种合适的方法和技术的建议和信息，包括数字海量存储系统（DMSS）、数字存储系统、数据磁带、硬盘，以及可刻录 CD、DVD 与磁光盘（MO）的小规模人工解决方案。

没有任何一种目标格式可以作为数字音频保存问题的永久解决方案，也没有任何技术发展能够在一定程度上提供最终的解决方案。它们实际上只是过程中的一个步骤，即机构负责随着技术的变革和发展来维护数据，只要数据仍有价值，就将数据从当前系统迁移到下一个系统。具备合适管理软件的 DMSS 最适于音频数据的长期维护。“这种系统允许自动检查数据的完整性，更新和最终在使用人力资源最少的情况下进行迁移。”（IASA - TC 03，2001）这些系统可以改变规格以适应较小的档案馆，但它通常会增加检查数据人员的责任。离散式存储格式，诸如可刻录 CD、DVD 和磁光盘（MO），本质上不太可靠。IASA 指南为维护这些载体数据提供了标准和方法，但同时也建议采用集成存储系统中找到的更加可靠的解决方案。

005

第1章
背　景

1.1　音像档案馆具有保存各种公开发行和未公开发行的声音和影像类音像档案的责任，这些音像档案涵盖音乐、艺术、宗教、科学、语言和通信等领域，反映了公众和个人的生活，以及自然环境。

1.2　保存音像档案的目的是在专业工作环境中尽可能多地为我们的继任者及其用户提供馆藏的信息。档案馆的责任在于评估用户当下和未来的需求，并根据档案馆的条件和资源来满足这些需求。保存的最终目的是在不威胁和损坏音频对象的前提下，确保现在与将来获批准的用户能够利用馆藏的音频内容。

1.3　音频载体使用寿命受到物理和化学稳定性以及重制技术的限制，重制技术可能会对很多音频造成损害，因此，音频保存一直需要制作副本来代表原件，在数字存档中这种保存副本叫作“保存性替代品”。将音频内容迁移到其他存储系统上的需求，同样适用于数字音频原件的载体，甚至更为重要，因为其高度复杂的硬件和相关软件的市场寿命更短，有的在推向市场几年后即已过时，可能导致播放设备被彻底淘汰。而且，影响原件的限制因素，部分或全部也存在于保存目标格式中，因此需要不断进行复制。如果模拟环境中进行了多次复制，那么接续的每代副本都会产生音频信号的衰减。

1.4　以保存目的制作的数字替代品似乎为保存和利用的相关问题提供了

解决方案。然而，对数字格式、分辨率、载体和技术系统的选择以及音频编码的质量都会限制数字保存质效，且过程不可逆。从原始载体中提取最佳信号是每个数字化过程不可或缺的第一步。由于录音介质往往需要特定的重放技术，必须在硬件被淘汰前及时组织数字化。

1.5 能够对已捕获的数字副本进行再次复制，而不产生进一步的信号丢失或衰减，这让满怀热情的档案工作者认为这就是“终极保存”。制作低比特率的分发副本扩展了档案馆在不危害原件的情况下提供利用音频馆藏的能力。然而，数字存档实践做得不好可能导致音频内容使用寿命的缩减和内容的不完整，根本算不上“终极”。而良好的数字转换和保存策略将有助于实现数字技术带来的各项益处。同样，功能不完善的系统需要人工干预，这将需要相当大的管理工作量，可能超出了馆藏管理人员和监察人员的能力，进而危及馆藏数据。设计良好的系统应该能够实现流程的自动化，以便及时进行保存工作。没有一种音频保存系统可以提供一劳永逸的解决方案；任何保存的解决方案都需要进行数据转换和数据迁移，这需要在进行初次音频文件数字化和存储时就规划好。

006

1.6 本指南涉及的音频载体包括：圆筒和粗纹唱片、钢丝和办公用口授留声系统、乙烯基密纹唱片、模拟磁带、盒式磁带和盘式磁带；数字磁性载体，如数字音频磁带（DAT）及基于此格式的影像磁带；光存储载体，如 CD 和 DVD。虽然本指南中包含的许多原则也适用于电影中的声音保存，但没有专门列出。本指南没有考虑钢琴纸卷、MIDI 文件以及其他系统，因为这些属于播放引导工具播放指南的范畴而不是经过编码的音频。第 2 章的诸原则概述了在数字音频资料转换和管理中必须做出的关键决策。

007

第2章
关键原则

2.1　标准化原则：数字音频的格式、解析度、载体和技术系统的选择要符合国际标准，满足档案的用途，这是音频保存的组成部分。从长期利用和未来格式转换的角度出发，非标准化的格式、解析度和版本不应被采用。

2.2　采样率原则：采样率决定了响应频率的上限。在制作模拟音频材料的数字拷贝时，IASA 建议对素材的最低采样率为 48 kHz。然而更高的采样率是可以达到的，并且可能更适用于多类型的音频。尽管较高的音频采样率超出了人类的听力范围，但是这种高采样率和转换技术的结果实际上提高了人类听觉范围内的音频质量。录音中无意识产生的或不良的人为因素产生的杂音也是音频文件的一部分，无论它们是文件产生过程中固有的，还是后来由于磨损、误操作或保存不善的问题被添加到原件中的，都必须保证保存的高度准确性。对于某些特定的信号和某些类型的噪声，采样率最好高于 48 kHz。IASA 建议采用 96 kHz 作为更高的采样率，虽然它被当作参照标准，但并不是说这就是上限。然而，对于大多数普通音频材料来说，指南中要求的采样率就足够了。对于原数字音频素材，存储技术的采样率应等于原素材的采样率。

2.3 **位深度原则**：位深度决定了编码音频节目或素材的动态范围。24 bit 音频编码的动态范围理论上接近人类听力的生理极限，但是实际上系统技术的限制会稍微低一些。CD 标准的 16 bit 音频可能不足以采集许多类型音频的动态范围，特别是在编码高电平的瞬间，如受损唱片的转换。IASA 建议使用至少 24 bit 的编码速率来采集所有模拟音频材料。对于原数字音频素材，存储技术的位深度应至少等于原素材的位深度。在录制过程中要非常谨慎，以确保转换过程充分采集了整个动态范围。

2.4 模数转换原则（A/D）

2.4.1 在将模拟音频转换为数字数据流时，A/D 不应渲染音频或增加任何额外的噪声。这是数字保存过程中最关键的部分。在实践中，计算机声卡中内置的 A/D 转换器由于低成本电路和计算机中固有的电噪声而无法满足以上要求。IASA 建议使用具有 AES/EBU 或 S/PDIF 接口的独立 A/D 转换器，IEEE1394 总线连接（火线）独立 A/D 转换器或 USB 串行接口独立 A/D 转换器，并根据以下参数进行模数转换。所有参数均在 A/D 转换器的数字输出端测量，并且符合音频工程学会标准 AES 17 - 1998（r 2004）、IEC 61606 - 3 及相关标准。

2.4.1.1 总谐波失真 + 噪声（THD + N）

997 Hz 信号在 -1 dB FS 时，A/D 转换器 THD + N 将低于 -105 dB 未加权，-107 dB A 加权，带宽范围是 20 Hz ~ 20 kHz。

997 Hz 信号在 -20 dB FS 时，A/D 转换器 THD + N 将小于 -95 dB 未加权，-97 dB A 加权，带宽范围是 20 Hz ~ 20 kHz。

2.4.1.2 动态范围（信噪比）

A/D 转换器的动态范围不得小于 115 dB 未加权，117 dB A 加权

（测量为相对于0 dB FS，带宽范围为20Hz ~ 20kHz，997 Hz刺激信号在 - 60 dB FS时的THD + N）。

2.4.1.3　频率响应

对于48 kHz的A/D采样频率，在20 Hz ~ 20 kHz范围内，测量的频率响应应优于 ±0.1 dB。

对于96kHz的A/D采样频率，在20 Hz ~ 20 kHz范围内，测量的频率响应应优于 ±0.1dB，在20 kHz ~ 40 kHz范围内应优于 ±0.3 dB。

对于192 kHz的A/D采样频率，在20 Hz ~ 20 kHz范围内，测量的响应频率应优于 ±0.1 dB，在20 kHz ~ 50 kHz范围内应优于 ±0.3 dB（参考音频信号 = 997 Hz，振幅为 - 20 dB FS）。

2.4.1.4　互调失真（SMPTE[①]/DIN/AES17）

A/D转换器的IMD不会超过 - 90 dB（AES17/SMPTE/DIN双音测试序列，其音调组合相当于一个全振幅下的正弦波）。

2.4.1.5　振幅线性

A/D转换器将在 - 120 dB FS至0 dB FS的范围内呈现 ±0.5 dB的幅值线性度（997 Hz正弦刺激）。

2.4.1.6　杂散A谐波信号

在997 Hz，- 1 dB FS下，刺激信号应优于 - 130 dB FS。

2.4.1.7　内置采样时钟精确度

与内置采样时钟同步的A/D转换器，数字流输出端测量的时钟频率精度将优于 ±25 ppm。

2.4.1.8　抖动

在A/D输出端测量的接口抖动应小于5ns。

① “SMPTE”即美国电影电视工程师协会。

2.4.1.9　外同步

当 A/D 转换器采样时钟与外部参考信号同步时，A/D 转换器必须对输入的采样率做出明确响应，输入的采样率变化范围不得超过标称采样率的 ±0.2%。外部同步电路必须抑制进入的抖动，使得同步的采样时钟不会受到人为因素的干扰。

2.4.2　IEE1394 和 USB 音频接口。目前，许多 A/D 转换器通过高速 IEEE1394（火线）和 USB 2.0 串行接口可以直接与主机进行连接。这两种接口成功利用了主流个人计算机平台，可被用作音频传输接口，从而降低了在电脑机箱中配置高品质专用声卡接口的要求。一般情况下，音频质量与所用的总线技术无关。

2.4.3　A/D 转换器的选择。A/D 转换器是数字保存过程中最重要的技术。选择转换器时，在进行任何进一步评估之前，IASA 建议所有参数都按照上述参考标准进行测试。任何不符合 IASA 的基本技术规范的转换器都实现不了精确的音频转换。结合技术评估，对音频转换器进行初选，然后在初选的基础上进行有效的盲听测试，确定其整体适用性和性能。上述所有参数和测试都是严格的、复杂的，这些参数在选择和评估模数转换器方面非常重要。很难参照设备制造商发布的参数，这些参数通常不完整，有时还不准确。这可能适合某些行业或团体开展小组测试和专家测试以实现资源优化利用。某些机构能够协助测试，如国家档案馆、图书馆或学术科学部门。

009

2.5　**声卡选用原则**：用于音频保存的计算机声卡应该具有可靠的数字输入端，具备数字音频流高质量的同步机制，并且不会改变数字音频流。由于必须使用独立 A/D 转换器，音频保存中使用声卡的主要目的是将数字信号传递到计算机数据总线，但是出于监控目的，也可用于将转换后的数字信号还原成模拟信号。在选择声卡时必须注意，声卡要支持适宜的采样率和比特率，而且不能有噪声或者人为产生的无关杂音混入。IASA 建议使用符合以下参数的高品质声卡。

2.5.1　支持的采样率：32 kHz～192 kHz，±5%。

2.5.2　数字音频量化（位深度）：16～24 bits。

2.5.3　变速（字时钟）：随音频输入和字时钟自动变化。

2.5.4　同步：内部时钟、字时钟、数字音频输入。

2.5.5　音频接口：符合 AES 3 规范的高速 AES/EBU。

2.5.6　输入端的抖动消除和信号恢复速度达到 100ns 且无误差。

2.5.7　数字音频子码通道。

2.5.8　可选的时间码输入。

2.6　**计算机系统和处理软件选用原则**：近几代计算机已经具有足够的能力来处理大型音频文件。一旦进入数字环境，应保持音频文件的完整性。上文提到关于音频文件保存过程的几个关键点是将模拟音频转换为数字音频（利用 A/D 转换器），并通过声卡或其他数据端口将音频数据输入系统。然而，有些系统为了进行传输会将字长截短，导致有效比特率降低，而有些系统只处理压缩文件格式（如 MP3），这两种情况都是不能接受的。IASA 建议使用基于计算机的专业音频系统，该系统字长处理能力应超过文件字长（即大于 24bit），并且不改变文件格式。

2.7　**数据缩减原则**：在音频存档中普遍认为，当选择数字目标格式时，不得使用基于感知编码（有损编解码器）的包含数据缩减的格式（通常被误称为数据“压缩”）。使用这种数据缩减进行音频转换意味着部分原始信息将彻底丢失。这种数据缩减的结果可能听起来与未缩减（线性）的信号一样或者类似，至少对于首次复制的音频文件来说是这样，但是数据缩减的信号在后续使用时将受到严重限制，而且已经不具备档案的完整性。

2.8 文件格式选用原则

2.8.1 用于音频编码的格式种类很多。某种格式在专业音频环境中的应用越广泛，其长期使用的可能性越大，在必要时将该格式转化为未来的文件格式而研发专业工具的可能性也越大。由于线性脉冲编码调制（PCM）［立体声交错］的简单性和普遍性，IASA 建议使用由 Microsoft 和 IBM 开发的 WAVE（文件扩展名.wav）作为资源交换文件格式（RIFF）的扩展。Wave 文件广泛应用于专业音频行业。

2.8.2 BWF.wav 文件［EBU Tech 3285］是.wav 文件的扩展，并且受到最新的音频技术支持。BWF 用于存档和制作的好处是可以将元数据嵌入头文件中作为文件的一部分。这对大多数基本的交换和存档情况是有利的；然而，在复杂的大型数据管理系统中，内嵌信息的不可变性有可能成为不利因素（见第 3 章“元数据”和第 7 章“小规模数字存储系统的解决方案”）。解决 BWF 的这种缺陷和其他问题，可以通过尽量少用 BWF 来维护数据，大部分数据则使用外部数据管理系统来维护。《AES 标准：网络和音频文件传输 - 音频文件传输和交换 - 在不同类型和品牌的系统间传输数字音频数据的文件格式》（AES31 - 2 - 2006）与 BWF 标准兼容，随着技术不断发展，希望 BWF 格式依然可用。档案行业广泛接受 BWF 格式，且了解该格式的限制，所以 IASA 建议 BWF.wav 文件［EBU Tech 3285］可用于存档。

2.8.3 多轨音频、电影或视频音轨、大型音频文件可能会使用 RF 64 格式［EBU Tech 3306］，该格式兼容 BWF、AES31 或封装在素材交换格式（MXF）中的.wav 文件。由于以上技术仍在开发中，目前，一种实用的方法可能是创建“tar”（源于 tape archive）格式来封装多个时间相干的单声道 BWF 文件。

2.9 **音频路径选择原则**：重放设备、信号电缆、混音器和其他音频处理设备组合后，整个系统应在采样率和位深度方面等于或超过数字音频的参数要求。使用的重放设备、音频线路、目标格式和标准必须优于原始载体。 011

第3章
元数据

3.1 概述

3.1.1 元数据是结构化数据，它提供信息支持资源的更高效的操作，如保存、格式转换、分析、发现和利用。虽然元数据在网络环境中应用最佳，但在任何数字存储和保存环境中也必不可少。元数据告诉终端（人员和计算机程序）如何理解数据。元数据对处于生命周期中任何时刻的存档对象，及任何与该存档对象相关或从中派生的对象的理解、一致性和成功运行都至关重要。

3.1.2 把元数据在功能方面视为“关于资源的系统化说明”［之所以“系统化”是因为机器可理解（和人类易于阅读一样）；之所以称其为“说明”是因为包含特定代理人对资源的声明；之所以是“资源”，因为任何可识别的对象都可能具有与之相关联的元数据］（Dempsey，2005）将是有帮助的。这种系统化的（或编码的）说明（也称为元数据“实例”）可能非常简单，单个统一资源标识符（URI）在一对尖括号 < >中作为容器或包装及命名空间。通常，它们也可能会不断扩展并且模块化，容器内嵌套有容器，包装内嵌套有包装，每个都运行在一系列的命名空间模式上，并且在工作流程的不同阶段和较长时间内得到封装。一个人不可能在某一个阶段中为任何给定的数字对象创建一个确定的、完整的元数据实例且不再发生任何变化。

3.1.3 无论随着时间可能创建多少个版本的音频文件，具有归档状态的文件的所有重要属性必须保持不变。同样的原则适用于嵌入对象中的任何元数据（见3.1.4）。然而，任何对象的数据（本身）都可能随着时间的推移而变化：新信息的发现、意见和术语发生变化、贡献（捐赠）者死亡、权利过期或重新协商。因此，通常建议将音频文件和所有或部分元数据文件分开保存，并在它们之间建立适当的链接，并在产生新信息和新资源时更新元数据。编辑文件中的元数据虽然烦琐，而且不适合大规模藏品，却具有可能性。因此，数据嵌入文件及独立数据管理系统中的程度取决于藏品的大小、特定数据管理系统的复杂性以及归档人员的能力。

3.1.4 元数据可与音频文件集成，实际上也建议将其作为小规模数字存储系统的解决方案（见7.4）。由欧洲广播联盟（EBU）标准化的广播波形格式（BWF）是这种音频元数据集成的示例，其允许在.wav文件中存储有限数量的描述性数据（见2.8）。在文件中存储元数据的一个优点是它避免了丢失元数据和数字音频之间链接的风险。BWF格式支持获取过程元数据，并且与该格式相关的许多工具都可以获取数据并填充广播扩展（BEXT）块的适当部分。因此，元数据可能包括编码历史，并能够记录创建数字音频对象的过程，这在BWF标准中没有明确定义，这与保存元数据实施战略（PREMIS）中的事件实体亦有相似之处（见3.5.2，3.7.3和图1）。当对模拟源进行数字化时，BEXT块也可用于存储有关音频内容的定性信息。当从数字源（如DAT或CD）创建数字对象时，BEXT块可用于记录编码过程中可能发生的错误。

012

```
A=<ANALOGUE> Information about the analogue sound
signal path A=<PCM> Information about the digital sound
signal path F=<48000, 441000, etc.> Sampling frequency
[Hz]
W=<16, 18, 20, 22, 24, etc.> Word length [bits]
M=<mono, stereo, 2-channel> Mode T=<free ASCII-text
string> Text for comments
Coding History Field: BWF
    (http://www.ebu.ch/CMSimages/en/tec_text_r98-i999_tcm6
    -4709.pdf)

A=ANALOGUE, M=Stereo, T=Studer
A820;SNI345;19.05;Reel;AMPEX 406 A=PCM, F=48000, W=24,
M=Stereo, T=Apogee PSX-i00;SNi5i6;RME DIGI96/8 Pro
A=PCM, F=48000, W=24, M=Stereo, T=WAV
A=PCM, F=48000, W=24, M=stereo, T=2006-02-20 File Parser
brand name A=PCM, F=48000, W=24, M=stereo, T=File
Converter brand name 2006-02-20; 08:10:02
```

图 1　澳大利亚国家图书馆使用数据库和自动化系统将盘式磁带原件转换为 BWF 的编码历史实例

3.1.5　美国国会图书馆一直致力于规范和扩大 BWF 文件中的各种数据块：《数字音频文件和对象的嵌入式元数据和标识符：WAVE 和 BWF 文件的建议》（*Embedded Metadata and Identifiers for Digital Audio Files and Objects: Recommendations for WAVE and BWF Files Today*）。以下是其最新草案征求意见稿的链接地址，http://home.comcast.net/~cfle/AVdocs/Embed_Audio_081031.doc。AES-X098C 标准是记录过程和数字来源元数据的另一项成果。

3.1.6　分别维护元数据和内容也有许多优点，例如可以通过元数据编码和传输标准（METS，参见 3.8）的框架标准来实现。在独立的元数据存储库中更新、维护和更正元数据要简单得多。扩展元数据字段以便涵盖新的需求或信息只能在那些可扩展、独立的系统中进行，而且要创建各种新的信息共享方式，也需要独立的存储库来创建可被这些系统使用的元数据。对于大规模的藏品来说，仅在 BWF 文件的头文件中维护元数据，这种负担同样将无法被承受。虽然可替代的音频数据片段可以多次复用数据描述（元数据），但是 MPEG-7[1]要求分离音频内容和描述性元数据。

3.1.7 当然，可以用更为详尽的元数据来包装 BWF 文件，如果保存在 BWF 之中的信息是固定和有限的，那么这种方法兼具（上述）两种方法的优点。集成的另一个例子是需要在访问文件中设置标签元数据，以便用户可以验证下载对象或以流媒体的形式传输的对象，即查找和选择对象。ID3 是 MP3 文件中使用的标签，描述了大多数播放器容易解释的内容信息，是允许描述性元数据的最小集合。而 METS 本身已被视为可用于将元数据和内容一起打包的容器，尽管这些文档的潜在大小表明这可能不是一个可行的选择。

3.1.8 目前几所大学正与 SUN Microsystems、Hewlett - Packard [（惠普公司（HP）] 和 IBM 等主要行业供应商合作，研究将元数据从内容中分离出来的一般性解决方案（如果内容包含某些元数据，可能会有冗余）。秉承的理念是将一个（数据）资源的表示始终存储为两个捆绑文件：一个包含“内容（contents）”，另一个包括与该内容所关联的“元数据（metadata）”。第二个文件包括以下几个方面。

3.1.8.1 基于所有涉及的基本原理的标识符列表。实际上它是一系列有关统一资源名称（Uniform Resource Name，URN）和资源的本地表示（URL）的“别名”。

3.1.8.2 技术性元数据（每个样本的位数/采样率；准确的格式定义；可能还有相关的本体）。

3.1.8.3 事实元数据（GPS 坐标/世界时间码/设备序列号/操作员/……）。

3.1.8.4 语义元数据。

3.1.9 总而言之，大多数系统会采用一种实用的方法，允许将元数据嵌入文件中或将元数据单独维护，并同时确定优先级（即哪些是信息的主要来源）和协议（维护数据的规则）以确保资源的完整性。

3.2 元数据的产生

3.2.1 本章的余下部分假设在大多数情况下，音频文件和元数据文件是被分别创建和管理的。在这种情况下，元数据的产生涉及传输——通过网络低成本高效地移动信息、材料和服务。然而，小规模馆藏或在早期发展阶段的档案馆，可能会发现在 BWF 中直接嵌入元数据并选择性地填充后文描述的信息的一个子集，具有一定的优势。如果充分理解了本章讨论的标准和方案并遵照执行，那么这种方法是可持续的，并且可以迁移到后文所述的完全实施的系统中。尽管档案馆可以决定在文件的头文件（数据）中嵌入所有或某些元数据，或只单独管理某些数据，但本章中的内容仍会对工作实务产生帮助（见第 7 章“小规模数字存储系统的解决方案”）。

3.2.2 直到最近，录音信息的制作者或者在编目小组工作，或者在技术团队工作，他们的产出很少融合。网络空间模糊了传统分工。不用说，在成功的工作流中实现传输也需要了解网络空间运作和连接的专业人员的参与。因此，元数据的产生涉及音频技术人员、信息技术（IT）和其他领域专家之间的紧密合作。它还需要专注于管理工作，以确保工作流程的可持续性，并能适应与生产元数据相关的快速发展的技术和应用。

3.2.3 元数据就像利息，会随着时间的推移而增加。如果创建了完整的、一致的元数据，则可预测，该资产将以几乎无限的新方式来满足各类用户多版本化和数据挖掘的需求。但元数据开发和管理涉及的资源、知识资本和技术设计问题并非微不足道。例如，任何元数据系统的管理者都必须解决的关键问题包括以下几个方面。

3.2.3.1 确定应用哪个元数据方案或扩展方案，以更好地满足生产团队、存储库本身和用户的需求。

3.2.3.2　确定元数据的哪些方面对于预期目标的实现至关重要，并确定每种类型元数据的粒度。由于元数据是长期产生的，因此开发和管理元数据的成本可能总是需要权衡，在满足当前需求的同时，也需要创建足够多的元数据，以服务未来，满足未预料到的需求。

3.2.3.3　确保正在应用的元数据方案是最新版本。

3.2.3.4　互操作性是另一个因素。在数字时代，没有一个档案馆再是孤岛。为了成功地将内容发送到另一个档案馆或机构，那么通用的结构和语法就是必需的。这是 METS 和 BWF 背后的原则。

3.2.4　在责任共享的网络环境中，成功管理数据文件预计有一定的复杂性。

如果我们继续采用旧的工作方式，像图书馆和档案馆早期的电脑一样——在出现 Web 和 XML 之前，坚持这种复杂性将是无法控制的。正如理查德·费曼（Richard Feynman）的物理学原则所述，“不能指望旧的设计一劳永逸”。因此，（网络环境元数据管理）需要一套新的系统要求和有关文化变革的措施。这反过来也会促进适用于音视频档案馆的元数据基础架构的发展。

014

3.3　基础架构

3.3.1　不需要“唱片分类学”那样的元数据标准：在某一特定领域的解决方案将会是不可行的约束条件（限制）。现阶段需要一个可以和其他领域共享核心组件的元数据基础架构，每个核心组件都允许适用于任何特定音视频档案工作的局部变量（如采取扩展模式的形式）。以下是有助于定义结构和功能需求的一些基本特征。

3.3.1.1　多功能性（Versatility）

对于元数据而言，系统必须能够从描述各种对象的各种来源中获取、合并、索引、增强，以及向用户呈现元数据信息。还必须能够定义逻辑和物理结构，其中逻辑结构表示知识实体，例如馆藏和作品，而物理结构表示构成数字化对象来源的物理介质（或载体）。系统不得与一个特定的元数据模式相关联（绑定）：必须在不影响互操作性的前提下，将元数据模式和适合档案特殊需求的应用程序配置文件（见 3.9.8）混合使用。建立一个可以适应这种多样性的系统是相关人员面临的挑战，而且同时要求不会对入门级用户产生不必要的复杂性，也不会为那些需要更多操作空间的人避免更复杂的活动。

3.3.1.2 可扩展性（Extensibility）

能够容纳广泛的对象、文件类型（如图像和文本文件）和商业实体（如用户认证、使用许可、获取策略等）。允许扩展、开发和应用或（全部）忽略，而不会破坏整体，换句话说，适合实验——实施元数据解决方案——仍然是不成熟的科学。

3.3.1.3 可持续性（Sustainability）

能够进行迁移，在维护方面具有成本效益、可利用、可随时间相关和相适应。

3.3.1.4 模块化（Modularity）

用于创建或获取、合并、索引、导出元数据的系统，本质上应该是模块化的，以便可以用不同的组件替换执行特定功能的组件，而不会破坏整体。

3.3.1.5 粒度（Granularity）

元数据必须具有足够的粒度来支持所有预期用途。元数据很容易粒度不足，但元数据粒度太细以致不能支持某个特定目的的情况也极少见。①

① 信息粒度（granularity of information）有粗细之分。

3.3.1.6 流动性（Liquidity）

一次写入，多次使用。流动性将使数字对象和这些对象的表示随着时间的推移而自我记录，元数据将在许多网络空间中更加努力地工作，并为原始的时间和金钱的投资提供高回报。

3.3.1.7 开放性（Openness）和透明度（transparency）

支持与其他系统的互操作性。为了促进诸如可扩展性的要求，所引入的标准、协议和软件应尽可能公开和透明。

3.3.1.8 关系（层次/序列/来源）

必须表达亲子关系，正确排序——例如戏剧表演的场景——派生关系。对于数字化项目，可以支持原始载体及其信息内容文件的准确映射和实例化。这有助于确保归档对象的真实性（Tennant，2004）。

015

3.3.2 这种多样性的方法本身就是一种开放的形式。如果选择了一个开放的万维网联盟（W3C）标准，如可扩展标记语言（XML）——这是一种已广泛采用的标记语言——那么这不会阻止特定的实现方式包括诸如"媒体交换格式（MXF）"和微软（Microsoft）的高级制作格式（AAF）间的格式变换。

3.3.3 尽管MXF是一个开放标准，但实际上将元数据包含在MXF中通常会以其专有的方式进行。MXF对于广播行业更有优势，因为它可以以专业的流媒体形式传输内容，而其他包装仅支持下载完整的文件。使用MXF打包内容和元数据只能在以开放元数据格式替换以专有格式表示的元数据后再进行归档。

3.3.4 关于XML的资料已经写了很多，很容易将其视为灵丹妙药。XML本身不是一个解决方案，而是一种关于内容如何组织和重复使用的方式，其巨大的功能通过与一系列相关工具和技术的结合而得到广泛的应用，这些工具和技术是为了经济上的重复使用和再利用而继续开发数据。因此，XML已经成为表示互联网上描述资源的元数据的事实标准。由于开发了许多开源的和商业的 XML 编辑工具（见 3.6.2），可将 XML 的十年发展与现在的处理手段相匹配。

3.3.5 尽管本章对本指南中使用的特定元数据格式进行了介绍，或者将来也可能会有更有用的特定元数据格式，但这并不意味它们都是规范性的。通过回顾 3.3.1 中的关键因素，并维护清晰、充分、分散的所有技术细节的记录，数据创建和政策变更，包括日期和责任，未来迁移和翻译，都不需要对基础架构进行实质性的更改。一个健壮的元数据基础架构应该能够通过创建或应用特定于该格式的工具来适应新的元数据格式，例如采用元数据转换（crosswalks）或以有效和准确的方式将元数据从一个编码方案转换到另一个编码方案的算法来适应新的元数据格式。已经存在许多种元数据转换格式，如 MARC，MODS，MPEG－7 路径，SMPTE 和都柏林核心元数据（Dublin Core）格式，等等。除了使用元数据转换将元数据从一种格式移动到另一种格式之外，它们还可以将两个或多个不同的元数据格式合并到第三个或一组可搜索的索引中。给定适当的容器/传输格式（如 METS），实际上可以容纳诸如 MARC－XML，Dublin Core，MODS，SMPTE 之类的元数据格式。此外，这种开放的基础架构将使档案馆能够部分或全部地从其遗留系统中吸收目录著录，同时基于它们提供新的服务，例如使可用的元数据收割——参见开放档案元数据收割协议（OAI－PMH）[①]。

① 开放档案元数据收割协议（Open Archives Initiative Protocol for Metadata Harvesting，简称“OAI 协议”）是一种独立于应用的、能够提高 Web 上资源共享范围和能力的互操作协议标准。

3.4　设计——本体

3.4.1　满足这些顶级要求后，可靠的元数据设计将从信息模型或本体中形成。这取决于要进行操作的数量，几个本体可能是相关的。其中国际文献工作委员会的概念参考模型（CIDOC CRM）（http://cidoc.ics.forth.gr）被推荐给文化遗产部门（博物馆、图书馆和档案馆）；书目记录的功能要求（FRBR，http://www.loc.gov/cds/FRBR.html）将适用于主要由录音表演的音乐或文学作品构成的档案，其影响力与资源说明和访问（ROA）和都柏林核心元数据倡议（DCMI）密切相关。如果权限管理至关重要，上下文本体架构（COA，http://www.ightscom.com/Portals/0/Fomal_ tology_ fo_ Media_ Rights_ Tansactions.pdf）将适用于目标，运动图像专家组权限管理标准 MPEG－21 也是如此。资源描述框架（RDF，http://www.w3.org/RDF）是一个通用且相对轻量级（简单）的规范，应该是一个组件，特别是在从存档库创建 Web 资源的过程中：这反过来允许流行的应用程序例如简易信息聚合（RSS）进行信息馈送（联合）。可以在使用 Web 本体语言（OWL）创建的本体的新兴“家族”中找到改进元数据的机器处理和解释的其他合适的候选者。在 OWL 中表达本体定义和本体阅读可以很容易地使用“Protégé”（斯坦福大学的开放工具，http://protege.stanford.edu）。OWL 可以从简单的术语定义到在复杂的面向对象进行建模。

016

3.5　设计——元素集

3.5.1　元数据元素集合在下面的整体设计中。通常分为三类或三组元数据进行描述，如下：

3.5.1.1 描述性元数据（Descriptive Metadata）

用于发现和识别对象。

3.5.1.2 结构性元数据（Structural Metadata）

用于显示和浏览用户的特定对象，并包括关于该对象的内部组织的信息，例如事件的预期顺序以及与其他对象间的关系，例如图像或访问脚本。

3.5.1.3 管理性元数据（Administrative Metadata）

代表对象的管理信息（例如授权元数据本身的命名空间），创建或修改对象的日期，技术性元数据（其验证的内容文件格式、持续时间、采样率等），权利和许可信息。该类别包括对保存至关重要的数据。

3.5.2 所有三类元数据：不管操作被如何支持，描述性、结构性和管理性都必须存在，尽管在任何文件或实例中可能存在不同的数据子集。因此，如果元数据支持保存“支持和记录数字保存过程的信息（PREMIS）”，那么它将丰富关于对象来源的、其真实性和对其执行的操作的数据。尽管阐述和强调描述性、结构性和许可数据将更加重要，但如果它支持发现某些部分或全部的保存元数据对于最终用户（即作为真实性的保证人）将是有用的，那么将提供使原始元数据转换为直观的显示或准备好由网络外部用户进行收割或交互。不用说，无法找到的项目既不能被保存也不能被倾听，因此对于这些操作，元数据越具包容性将越好。

3.5.3 这三组元数据中的每一组都可以单独编制：作为大规模数字化的副产品的管理性（技术）元数据；从遗留数据库导出的描述性元数据；作为清关的权利元数据已完成，并且许可证已签发。然而，这些各种编译的结果需要汇集在一起，并保存在单个元数据实例或一组链接文件，及其与保存有关的相关语句中。将所有这些元数据片段与模式或文档类型定义（DTD）相关联将是至关重要的，否则元数据将仅保留为“二进制大型对象（BLOB）”。而数据的积累，对于人类来说是清晰可辨的，但对于机器来说却是难以理解的。

3.6 设计——编码和模式

3.6.1 音频信号的编码方式与 WAV 文件相同，它具有一个已发布的规范，元素集将需要编码：XML，建议（可能）与上述的 RDF 结合。该规范将在任何元数据实例 <? xml version = M1.0M encoding = MUTF - 8M? >的第一行中声明。这本身就提供了很少的智能支持：就像告诉听众，他们正在阅读的 CD 小册子的页面是由纸制成的，将以某种方式进行。下一步将提供关于在文件的其余部分中遇到的数据的可预测模式和语义的情报（请记住，机器以及人员）。元数据文件的头文件的其余部分通常由设计调用的其他标准和模式（通常称为“扩展模式”）的命名空间序列组成。

```
<mets:mets xmlns:mets="http://www.loc.gov/standards/mets/"
xmlns:xsi="http://www.w3.org/2001/XMLSchema-instance"
xmlns:dc='http://dublincore.org/documents/dces/''
xmlns:xlink=' http://www.w3.org/TR/xlink"
xmlns:dcterms='http://dublincore.org/documents/dcmi-terms/"
xmlns:dcmitype=" http://purl.org/dc/dcmitype"
xmlns:tel="
http://www.theeuropeanlibrary.org/metadatahandbook/telterms.html"
xmlns:mods=' http://www.loc.gov/mods"
xmlns:cld=" http://www.ukoln.ac.uk/metadata/rslp/schema/"
xmlns:blap= http://labs.bl.uk/metadata/blap/terms.html"
xmlns:marcrel=" http://www.loc.gov/loc.terms/relators/"
xmlns:rdf=" http://www.w3.org/1999/02/22-rdf-syntax-ns#type"
xmlns:blapsi=" http://sounds.bl.uk/blapsi.xml"
xmlns:namespace-prefix=" blapsi">
```

图 2 在英国图书馆 METS 配置文件中使用的一些用于录音的命名空间

3.6.2 在 XML 中，这种“智能”规范被称为 XML 模式，属于 DTD 的继承者。考虑到编译的相对容易程度，DTD 仍然是常见的。该模式将驻留在扩展名为 .xsd（XML Schema Definition）的文件中，并将具有其自己的命名空间，其他操作与实现可以引用。模式需要专业知识来编译。幸运的是，开放源代码工具可用于使计算机从格式良好的 XML 文件中推断出其模式。工具也可用于将 XML 转换为其他格式，例如 . pdf 或 . rtf（Word）文档转换为 XML。该模式还可以包含用于将数据显示为 XSLT 文件的理想化装置。描述性元数据的架构（和命名空间）在“3.9 描述性元数据——都柏林核心（DC）元数据应用程序概要”中有更详细的介绍。

3.6.3 为了总结上述关系，XML 模式或 DTD 格式描述了以 XML 编码文件格式标记文本内容的 XML 结构。文件（或实例）将包含一个或多个表示扩展程序模式的命名空间，进一步限定要部署的 XML 结构。

3.7 管理性元数据——保存元数据

3.7.1 本节中描述的信息是管理性元数据的一部分。它类似于音频文件中的头文件信息，并对必要的操作信息进行编码。以这种方式，计算机系统通过首先将文件扩展名与特定类型的软件相关联，并且读取文件的头文件中的编码信息来识别文件以及如何被使用。此信息也必须在单独的文件中引用，以便于管理和帮助后续访问，因为文件扩展名是关于文件功能的最大的不明确指标。描述此显性信息的字段（包括类型和版本）可以从文件的头文件中自动获取，并用于填充元数据管理系统的字段。如果现在或将来的操作系统不包括播放 . wav 文件或读取 . xml 实例的功能，那么该软件将无法识别文件扩展名，并且无法访问文件或确定其类型。通过将此信息显示在元数据记录中，我们使未来用户可以使用保存管理数据并解码信息数据。AES - X098B（标准）中开发的标准将由音频工程协会（AES）发布，作为 AES 57 标准《AES 音频元数据标准——用于保存和恢复音频对象结构》编写了这个内容。

3.7.2 现在已有格式注册表，但仍在开发中，这将有助于将文件格式分类和验证作为预先获取的任务：在线技术注册表（PRONOM），包括由英国国家档案馆（TNA）维护的文件格式，可与另一个TNA工具DROID（数字记录对象标识——可执行文件格式的自动批量识别和输出元数据）结合使用。美国哈佛大学的全球数字格式注册表（GDFR）项目和JSTOR/哈佛对象验证环境JHOVE系统（JHOVE的功能是进行特定格式的数字对象的识别、验证和鉴定、最初由哈佛大学图书馆和JSTOR于2003年开发。）提供了可比较的服务，以支持保存元数据编译。关于文件格式的准确信息是长期成功保存的关键。

3.7.3 最重要的是，对音频文件保存和迁移的所有方面，包括所有技术参数进行了仔细的评估和保存。这包括在其生命周期内保护音频文件的所有后续措施。尽管此处讨论的大部分元数据可以在稍后安全填充，但数据音频文件的创建记录及其内容的任何更改都必须在事件发生时创建。该历史元数据跟踪音频项目的完整性，如果使用BWF格式，则可将其作为文件的一部分记录为BEXT中的编码历史模块。此信息是PREMIS保存元数据建议的重要组成部分。经验表明，电脑能够从数字化过程中产生大量的技术数据。这可能要在需要保存的元数据中进行解析提取。AudioMD（http：//www.loc.gov/rr/mopic/avprot/audioMD_v8.xsd）提出了有用的“元素集”概念，这是由美国国会图书馆开发的扩展模式，而AES audioObject的XML模式正在作为标准进行编写。

3.7.4 如果从传统藏品进行数字化处理的角度来看，这些元数据模式不仅用于描述数字文件，也包括物理原件。需要注意，避免在元数据中描述对象时引起歧义：必要的描述工作有，其原始表现和后续数字版本，这对于能够区分每个实例中描述的内容来说至关重要。PREMIS通过将变更顺序与事件相关联来区分变更序列中的各种组件和通过时间链接生成的元数据。

3.8 结构性元数据——METS

3.8.1 基于时间的媒体通常是多媒体格式的，而且是复杂的。现场录音可能由一系列事件（歌曲、舞蹈、仪式）伴随着图像和现场笔记组成。一个冗长的口述历史访谈占据多个 .wav 档案，可能伴有演讲者的照片和书面记录或语言分析。结构性元数据提供了有关外部和内部关系的所有相关文件和情报的清单，包括优先顺序，例如歌剧录音的行为和场景。METS（元数据编码和传输标准，当前版本为 1.7）的结构图（structMap）和文件组（fileGrp），在视听环境中需具有近期成功应用且经过良好检验的记录（见图 3）。

019

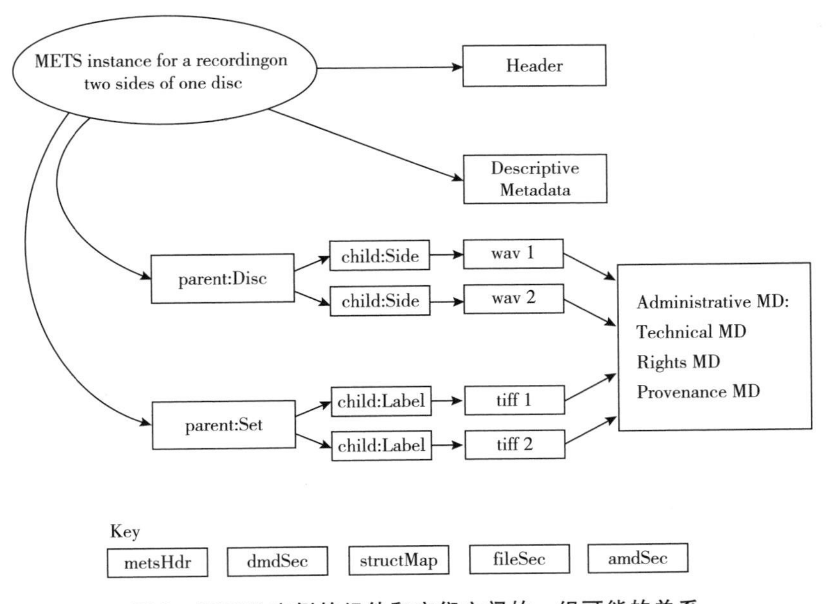

图 3 METS 实例的组件和它们之间的一组可能的关系

3.8.2 METS 实例的组件有以下几个方面。

3.8.2.1 头文件描述了 METS 对象本身，比如谁创建了这个对象，在何时，为了什么目的。标题头文件信息应支持 METS 文件的管理。

3.8.2.2　描述性元数据部分包含描述性的、由数字对象表示的信息资源并使其能够被发现的信息。

3.8.2.3　结构图由独特的叶片和细节来表示，将对象的数字文件命令为可浏览的层次结构。

3.8.2.4　内容文件部分，见图1～图5，声明了数字文件的构成对象。文件可能被嵌入对象中或被引用。

3.8.2.5　管理性元数据部分，包含在内容文件部分中声明的数字文件信息。

3.8.2.5.1　技术元数据，即说明文件的技术特性。

3.8.2.5.2　来源元数据，即说明捕获的来源（例如，直接捕获或以4x5透明度重新格式化）。①

3.8.2.5.3　数字起源元数据，即说明文件自诞生以来的更改经历。

3.8.2.5.4　权利（权限）元数据，说明合法访问的条件。

3.8.2.6　技术元数据、来源元数据和数字起源元数据包含的与数字保存有关的信息。

020

3.8.2.7　鉴于完整性考虑，行为部分未在图2中显示。即将可执行文件与METS对象相关联。例如，METS对象可能依赖于某段代码进行实例化以供查看，并且行为部分可以引用该代码。

3.8.3　结构性元数据可能需要代表的其他业务对象。

3.8.3.1　用户信息（认证）。

3.8.3.2　权利和许可证（如何使用对象）。

3.8.3.3　策略（归档对象如何选择）。

3.8.3.4　服务（复印和权限清除）。

① 4x 5 transparency photograph FORMAT: 4x5 Colour Transparency.

3.8.3.5　　组织（合作、利益相关者及资金来源）。

3.8.4　　这些可以由引用到特定地址或 URL 的文件表示。可以在人类读者的元数据中提供解释性注释。

3.9　　描述性元数据——都柏林核心（DC）元数据应用程序概要

3.9.1　　传统文化遗产部门的大部分努力都集中在把描述性元数据作为传统编目的分支上。然而，显而易见的是，在这个领域中有太多的关注（如描述性标签和受控词汇的局部改进）以牺牲上述其他考虑为代价，这将会导致整体的系统缺陷。图 4 演示了需要考虑到位的各种相互依赖关系，而描述性元数据标签只是播放的所有元素的一个子集。

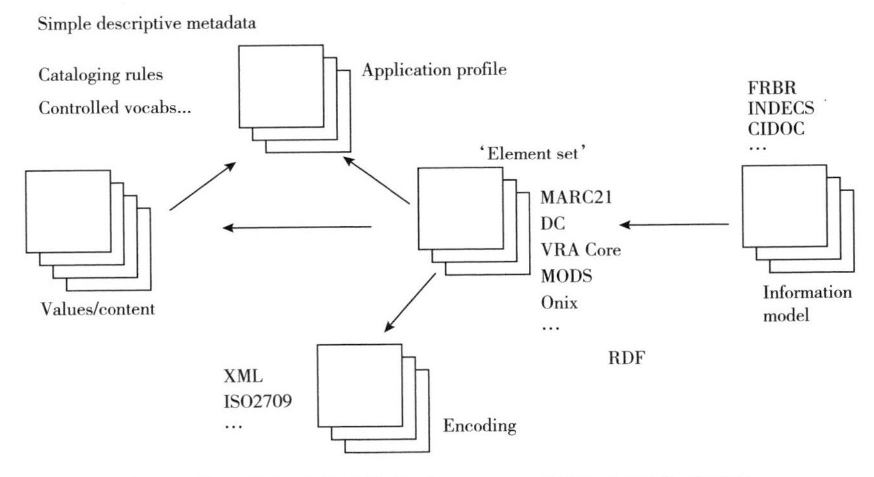

图 4　简单的描述性元数据（Dempsey CLIR / DLF，2005）

3.9.2　　互操作性必须是任何元数据策略中的关键组成部分：由一个专门团队为某一个档案库独立精心设计的系统将成为生产率低、成本高且影响最小的方法。其结果是元数据行业将无法发展。描述性元数据确实是理查德·加布里埃尔（Richard Gabriel）的“简单之美”的经典案例。比较两种程序语言，一种优雅而又复杂，另一种笨拙但简单，加布里埃尔正确地预测，更简单的语言将更快地传播，结果是，更多的人会去关心改善那种简单的语言，而不是去使用复杂的另一种。都柏林核心（DC）元数据的广泛采用和成功证明了这一点，由于其严格的简单性，最初还被专业人士视为不太适宜的解决方案。

021

3.9.3 DCMI 的使命是更容易找到资源，并通过开发用于跨域发现的元数据标准来使用互联网，为元数据集的互操作性定义框架，进而促进与这些目标一致的联盟或学科特定元数据集进行开发。资源描述中仅使用了 15 个元素方面的词汇，并经济地为所有三类元数据提供基础。没有一个元素是强制性的：所有这些都是可重复的，尽管实施者可能在应用程序配置文件中另有说明（见 3.9.8）。“都柏林”的名字源于 1995 年俄亥俄州都柏林的一个邀请研讨会；“核心”，因为它的元素是广泛和通用的，可用于描述广泛的资源。DC 已被广泛使用十多年，15 个元素的描述已经在以下标准中得到正式认可：2003 年 2 月的 ISO 标准 15836 – 2003［ISO 15836 http：//dublincore. org/documents/dces/#ISO15836］，2007 年 5 月的 NISO 标准 Z39. 85 – 2007［NISO Z3985 http：//dublincore. org/ documents / dces /#NISOZ3985］和 2007 年 8 月的 IETF 标准 RFC 5013［RFC 5013 http：//dublincore. org/documents/dces/#RFC5013］。

表 1　15 个 DC 元素的官方定义和对视听的解释

DC 元素	官方定义	视听解释
标题（Title）	给予资源的名称	与记录相关联的主标题
主题（Subject）	资源的主题	主题涵盖范围
描述（Descripton）	资源的账户	解释性说明访谈摘要环境或文化背景的描述内容清单

续表

DC 元素	官方定义	视听解释
创造者（Creator）	主要负责制作资源的实体	不是录音作品的作者或作曲家，而是档案的名称
发布者（Publisher）	负责使资源可用的实体	不是已经数字化的原始文档的发布者。通常，发布商将与创作者相同
贡献者（Contributor）	负责为资源做出贡献的实体	任何命名的人或声源。将需要适当的限定词，如角色（例如表演者、录音师）
日期（Date）	与资源生命周期中的事件相关的点或时间段	不是原始的记录或日期，而是与资源本身有关的日期
类型（Type）	资源的性质或类型	资源的领域，而不是音乐的流派。所以是某种声音而不是爵士乐
格式（Format）	资源的文件格式	物理介质或维度。是文件格式而不是原始的物理载体
标识符（Identifier）	给定上下文中对资源的明确引用	可能是音频文件的 URI
源（Source）	从其导出的描述资源的相关资源	对从其导出当前资源的引用
语言（Language）	资源的语言	资源的语言
关系（Relation）	相关资源	参考相关对象
覆盖（Coverage）	资源的空间或时间主题，资源的空间适用性或与资源相关的管辖权	录音，例如传统歌曲或方言等文化上的特色
权利（Rights）	关于在资源中和资源上持有的权利的信息	关于在资源中和资源上持有的权利的信息

022

3.9.4 DC 元素已经扩大到包括更多的属性。它们被称为 DC 术语。一些附加元素（术语）对于描述基于时间的媒体将是有用的：如资源的创建日期、录制日期和录制生命周期中的任何其他重要日期。

表2 6个经选择的DC术语

DC术语	官方定义	视听解释
替代物（Alternatiwe）	任何形式的标题或用作资源的正式标题的替代品	替代标题，例如翻译的标题，假名，通用标题中元素的替代排序
范围（Exeent）	资源的大小或持续时间	文件大小和持续时间
范围源（extentOriginal）	资源的物理或数字表现	原始来源记录的大小或持续时间
空间（spatial）	资源的知识内容的空间特征	记录位置，包括支持地图界面的地形坐标
时间（Temporal）	资源的知识内容的时间特征	录制的场合
创建（Created）	资源的创建日期	录制日期和录制生命周期中的任何其他重要日期

3.9.5 DC的实施者可以根据应用的具体要求，选择在传统的dc：variant（例如http：//purl. org/dc/elements/ll/creator）或新的dcterms：variant（例如http：//purl. org/dc/terms/creator）中使用15个元素。这取决于应用程序的要求。然而，随着时间推移，特别是如果RDF是元数据策略的一部分，预期实施者（被DCMI鼓励）使用语义上更精确的术语：属性，因为它们更加完全符合机器可处理元数据的最佳实践。

3.9.6 即使在这种扩展形式中，都柏林核心元数据可能缺乏专门的视听档案所需的细粒度。例如，贡献者元素通常需要提及贡献者在录音中的作用，以避免例如将表演者与作曲家或将演员与剧作家混淆。美国国会图书馆已经设计了人类代理人的常见角色（或“相关者”）清单（MARC相关人员）。这里有两个例子说明如何实现它们。

```
<dcterms:contributor>
<marcrel:CMP>Beethoven, Ludwig van, 1770-1827</marcrel:CMP>
<marcrel:PRF>Quatuor Pascal</marcrel:PRF>
</dcterms:contributor>

<dcterms:contributor>
<marcrel:SPK>Greer, Germaine, 1939- (female)</marcrel:SPK>
<marcrel:SPK>McCulloch, Joseph, 1908-1990 (male)</marcrel:SPK>
</dcterms:contributor>
```

作为作曲家（CMP）和表演者（PRF）的第一个例子标记了“贝多芬”。作为演讲者（SPK）的第二个标签虽然不能确定谁是访问者，谁是受访者，却表明了能够在元数据的什么地方进行传达，例如在说明或标题。

3.9.7　在这方面，其他模式可能是优选的，或者可以被包括进附加扩展模式（见图 2）。例如，元数据对象著录方案（MODS，http：// www. loc. gov/ standards/mods）允许更多的粒度和更多的权限文件的链接，以反映其按照 MARC 标准进行的推导。

```
name
    Subelements:
      namePart
        Attribute: type (date, family, given, termsOfAddress)
      displayForm
      affiliation
      role
        roleTerm
          Attributes: type (code, text); authority
          (see: www.loc.gov/marc/sourcecode/relator/relatorsource.html)
      description
    Attributes: ID; xlink; lang; xml:lang; script; transliteration
    type (enumerated: personal, corporate, conference)
  authority (see: www.loc.gov/marc/sourcecode/authorityfile/authorityfilesource.html)
```

3.9.8　使用 METS 可以允许包含适用于不同目的的多套描述性元数据，例如都柏林核心元数据集［适用开放档案采集元数据收集协议（OAI－PMH）］和更复杂的旨在符合其他举措的 MODS，特别是与 MARC 编码系统交换记录。这种融入其他标准方法的能力是

METS 的一个优点。

3.9.9 DC 在都柏林核心元数据倡议的管理下继续发展。一方面，通过与 RDF 等语义网络工具（参见 Nilsson 等，DCMI，2008）维持更紧密的联系来加强网络资源的价值，另一方面，则旨在通过与 RDA（http：//www. collectionscanada. gc. ca/jsc/rda. html）的正式联系来提高其与遗产部门的相关性，该协议将于 2009 年发布。由于 RDA 被视为英美资源编目规则的及时继承者，这一特定发展可能具有重大战略意义，对国家和大学图书馆的部分视听档案有所影响。对于广播档案，基于 DCMI 的其他发展在撰写本文时值得留意，欧洲广播联盟（EBU）正在完成基于兼容都柏林核心的 EBU 核心元数据集的开发。

024

3.9.10 归档文件可能希望修改（扩展）核心元素集。利用一个或多个现有命名空间模式（例如 MODS 和/或 EEE LOM 以及 DC）的修改集合被称为应用简档。来自不同命名空间模式的应用程序配置文件中的所有元素都从其他地方绘制。如果实现者希望创建在其他地方没有图案化的“新”元素，例如在 MARC 相关器集合（例如，非人类代理，如物种、机器、环境）中不可用的贡献者角色，那么他们必须创建自己的命名空间模式，负责“声明”并维护该模式。

3.9.11 应用程序配置文件包括管理命名空间及其当前 URL（最好是 PURL——永久 URL）的列表。它们在每个元数据实例中被复制，然后跟随每个数据元素的列表以及允许的值和内容样式。这可能是指内部或附加规则和受控词汇。例如，叙词表的名称和流派，个人名称和科目的权威档案。该配置文件还将为特定元素［如日期（YYYY－MM－DD）和地理坐标］规定强制性方案，并且位置和时间的这种标准化表示将能够使地图和时间线显示支持为非文本检索设备。

术语名称（Name of Term）	标题（Title）
术语 URI（Term URI）	http：//purl. org/dc/elements/l. l/title
标签（Label）	标题（Title）
定义（Defined By）	http：//dublincore. org/documents/dcmi – terms/
源定义（Source Definition）	给予资源的名称
BLAP – S 定义（BLAP – S Definition）	工作或工作组件的标题
源注释（Source Comments）	通常，标题将是正式知道来源的名称
BLAP – S 注释（BLAP – S Comments）	如果没有可用的标题，则构造一个源自资源或提供［无标题］的标题。遵循正常的编目实践，使用“替代”细化来记录其他语言的标题。如果数据来自声音档案（Sound Archive）的目录，则这将等同于以下层次结构顺序中的以下标题字段之一：①工作标题（Work title）、②项目标题（Item title）、③收藏标题（Collection title）、④产品标题（Product title）、⑤原始种类（Original species）、⑥广播标题（Broadcast title）、⑦简称（Short title）、⑧出版系列（Published series）、⑨未出版系列（Unpublished series）
术语的类型（Type of term）	元素（Element）
提炼（Refines）	
提炼于（Refined by）	替代品（Alternative）
有编码方案（Has encoding scheme）	
义务（Obligation）	强制性的（Mandatory）
事件（Occurrence）	不可重复的（Not repeatable）

025 **图 5　英国图书馆声音 DC（BLAP – S）应用简介的一部分**

注：Namespaces used in the Application Profile；
DCMI Metadata Terms　http：//dublincore. org/documents/dcmi – terms/；
RDF http：//www. w3. org/RDF/；
MODS elements　http：//www. loc. gov/mods；
TEL terms　http：//www. theeuropeanlibrary. org/metadatahandbook/telterms. html；
BL Terms　http：//labs. bl. uk/metadata/blap/terms. html；
MARCREL　http：//www. loc. gov/loc. terms/relators。

3.9.12 应用程序配置文件包含或编制数据字典（定义数据库基本组织到其各个字段和字段类型的文件）或几个数据字典，可由单个存档维护或与档案社区同保存有关的 PREMIS 数据字典（http://www.loc.gov/standards/premis/v2/premis - 2 - 0.pdf，目前的版本号是 2）维护，预计将大量使用它的众多元素作为“语义单位”。保存元数据提供关于出处、保存活动技术特征的智能，并有助于验证数字对象的真实性。PREMIS 工作组于 2005 年 6 月发布了其保存元数据的数据字典，并建议在所有保存库中使用，不论存档材料的类型和采用的保存策略为何。

3.9.13 通过定义应用程序配置文件，最重要的是通过声明它们，实现者可以共享有关其模式的信息，以便广泛地进行诸如长期保存等普遍任务方面的协作。

3.10 元数据来源

3.10.1 档案不应该期望从头开始（旧的方式）自己创建所有的描述性元数据。事实上，鉴于资源和元数据之间的内置生命周期关系，这样的主张将是不可行的。有几种元数据来源，特别应该利用描述性类别来减少成本，并通过扩展投入手段来提供丰富的资源。主要有三个来源：专业、贡献和意图（Dempsey，2007）——它们可能会相互部署。

3.10.2 专业来源，意味着利用对已发布或复制的资料有价值的遗留数据库，授权文件和受控词汇的锁定值。它包括行业数据库，以及归档目录。这些来源，特别是归档目录，是众所周知的不完整的，不具备复杂的转换程序和复杂协议的互操作。录音广播行业和音像遗产部门的数据标准与数据库不同。缺少 AV 的普遍解析器，例如印刷的 ISBN，是一个持续的障碍，经过几十年的唱片创作后，对于什么构成目录记录仍然存在分歧：是一个单独的轨道，还是组成一个知识单元轨道序列，如多段音乐或文学作品？是单个运营商还是一组运营商的轨道总和，换句话说，是目录单位的物理载体吗？显然，选择了更精细定义之一的代理机构将会更容易将其遗留的数据成功导出到元数据基础架构中。基于 Z39.50（信息检索协议，http://www.loc.gov/z3950/agency）和 SRW/SRU（通过标准化 URL 进行搜索和检索的协议）的数据导出和带宽方法响应将继续提供一定程度的成功，以及计算机从中央资源获取元数据的能力。但是，在共同生产资源的同时，要更有效地投入资源，确定和描述名称、科目、地点、时间和作品。

3.10.3 贡献来源，意味着用户生成的内容。近年来的一个主要现象是出现了许多网站的邀请、汇总和挖掘用户贡献的数据，并调动数据进行排名，推荐和关联资源。其中包括 YouTube 和 Last-FM。这些网站有价值，它们揭示了人与人之间及人与资源之间的关系以及资源本身的信息。图书馆已经开始尝试这些方法，通过允许用户增加专业来源的元数据，可以获得真正的优势。支持用户贡献和联合的所谓 Web 2.0 功能正在成为可用内容管理系统的常见功能。

3.10.4 意图来源，是指收集关于可以增强资源发现和使用的数据。该概念来自亚马逊商业部门的建议，例如，基于总购买选择，可以使用类似的算法对资源中的对象进行排序。这种类型的数据已经成为成功网站的核心因素，通过数量令人生畏的复杂信息提供有用的途径（大数据分析）。

3.11 未来发展需要

3.11.1 尽管本章已经证明了大量实质性的构造模块（数据字典、模式、本体和编码）现在已经就绪，可以开始满足研究人员对更容易访问的视听内容的兴趣，以及维持其持久性的职业夙愿。对于最近的工作和发展而言，元数据仍然是一门不成熟的科学。为了实现更快的进展，有必要在公共和商业部门之间以及不同类别的视听档案之间找到共同点，每个视听档案都在忙于设计自己的工具和标准。

3.11.2 通过资源元数据的自动推导，已经取得了一些成功。我们需要做更多的工作，特别是因为现有的手工流程不能很好地扩展。此外，元数据生产看起来并不可持续，除非更多的成本被淘汰。“我们不应该增加成本和复杂性，这是发展通过多个共同制定渠道来应对一部分服务环境的必要条件。”（Dempsey，2005）

3.11.3 数据库协调的问题，即系统理解项目的能力在语义上是相同的，尽管它们可能以不同的方式来表示，但仍然是一个公开的问题。目前正在进行重要的研究来解决这个问题，但一个广泛适用的一般解决方案尚未出现。这个问题对于管理开放档案信息系统（OAIS）中的持久性也非常重要，比如，与简单的 DCMI 语句列表相比，沃尔夫冈·阿马多伊斯·莫扎特是“安魂曲”（K 626）的作曲家的语义表达方式和 FRBR 模型的表达方式完全不同。在 DCMI“作曲家”中，“贡献者”是一个改进，“莫扎特”是其财产；而在 FRBR 模型中，“作曲家”是物理人物与作品之间的关系。使用受控词表是要确保 W. A. 莫扎特与莫扎特代表同一个人。

027

第4章
唯一标识符和持久标识符

4.1 概述

4.1.1 无论是存储在大型存储系统上还是存储在离散载体上，数字录音必须可以被识别和检索。如果音频文件不能被定位或者没有连接赋予其意义的目录和元数据，则不能认为数字音频文件已经被保存。每一个数字音频文件都必须有明确且唯一的命名。为了确保数字文件命名的唯一性和确定性，要识别数字音频文件首先要明确被命名的文件及该文件的级别。

4.1.2 电脑中的所有文件，自身都带有某种标识符，使其在存储的过程中区别于其他文件。该标识符一般是被广泛认可的公共标识符，但是通常情况下，这些标识符与系统有关，并随系统的需求而发生改变。其结果是需要有一种持久的公共标识符，以便保持文件的可访问性，从而确保想使用它的人可以准确将其定位并显现出来，其给出的引用和链接让文件可以不断地被访问。不管标识符存储在哪里或者存储在哪种系统，该标识符必须可以定位其所涉及的项目。

4.1.3 资源描述框架（RDF）标准是识别数字文件的重要参考（http://www.w3.org/RDF）。RDF是使用Web标识符，即统一资源标识符（URI）来识别文件的工具。识别系统基于两种基本机制。第一种是基于语义或其他标签规则创建标识符来命名文件，以便标识符可以一直附属于该文件。在 RDF 标准中，这些标识符被称为统一资源名称（URN）。第二种是定位器，通过建立一个位置系统，以便在定位器中找到想要识别的文件。在 RDF 标准中，这些标识符称为统一资源定位符（URL）。

4.1.4　现已提出许多关于数字文件命名的方案，有的是专门用于音频或音视频文件，其中 EBU 技术建议 R 99 – 1999 “唯一”来源标识符（USID）专门应用在广播波形格式（BWF）的 < Originator Reference >项。这样的方案打算在特定范围内提供一个唯一号码，但该方案还没有被普遍接受。

4.2　持久标识符

4.2.1　早在有数字化技术之前，图书馆、档案馆和音频收藏部门就开发了一些专业程度不同的系统，以便允许它们访问这些资源，有了数字化技术之后，这种情况更甚。这些在其领域内唯一的编号系统，为其相应的领域或者机构添加一个唯一的名称后，可以被纳入更加通用的命名系统中。这种结构允许机构以最大的灵活性在本地识别其资源，同时允许将标识符并入到全球系统中，并添加适当的命名权限组件。这些持久标识符是为了使拥有文件内容的用户可以识别该作品（而不是文件），这项作品随时间推移保持不变，而不管命名规则如何改变，不变标识符都代表着该作品。

4.2.2　持久标识符（PID）是为保证识别的资源对其所在位置保持独立性而创建和使用的标识符，且不受其各个副本处在不同的位置的影响。这意味着 PID 是 URN。

028

4.3　文件命名规则和唯一标识符

4.3.1　讨论此主题时应注意：指代某个资源的持久标识符和文件命名惯例

之间的区别。在许多实用系统中，两者之间可能存在很大的联系。本节介绍有关文件命名惯例的建议。在任何给定的资源库中的数据文件可能包括多种数据类型，而不仅仅是音频。一个唯一标识符（UID）唯一地标识一个资源。这意味着标识符会随着资源的具体体现发生改变，因此资源的每个副本都有自己的 ID。因此，这意味着 UID 是 URL。鉴于此，文件名也称为唯一标识符。

4.3.2　对于任何系统内部和外部的链接，唯一标识符是管理音频数据及其所有相关文件的首要关键点。相关文件例如：母版副本，播放副本，压缩版本的播放副本，元数据文件，编辑列表，随附的文本，图像，任何这些母版文件或衍生文件的各个版本。因此，除非档案馆使用系统分配的“傻瓜型的”标识符，否则在逻辑上确定唯一标识符的结构是非常重要的，让需要使用它的人能清楚地理解，并且能够被人和机器读取。了解数据文件“家族”之间的联系也很重要：一位评论员将此链接比作“永久的‘线’，使资源在网络上被重新标记或重新链接”。讨论资源而不是馆藏是本指南的一个重要的基本概念。

4.3.3　构建用于显示联系的识别系统的最强有力的方法之一是以根 ID（RID）概念为基础。RID 是实体标识符。所有表示实体的文件和文件夹将通过添加前缀和后缀的方式（例如创建唯一标识符）从 RID 上形成。

4.3.4　无论其标识符智能与否，对于计算机生成的、计算机可识读的标识符，正常情况下都应该具有固定长度代码的初始密钥。这具有以下优点。

4.3.4.1　它们能够建立用于创建新的唯一标识符的规则。

4.3.4.2　它们保证系统（以及知道规则的用户）识别的准确性。

4.3.4.3　它们允许对代码或代码的组成部分进行验证。

4.3.4.4 它们支持搜索、筛选和报告。

4.3.5 关于傻瓜型的、智能型的或准确型的唯一标识符的相关优点长期存在争议。大多数系统在保存数据的那一刻为其分配一个“傻瓜型”的标识符。它们被迅速应用，不需要人为干预，并且其唯一性有保证。然而，它们的随机性和随意性意味着必须找到其他方式来显示在数字资源生命周期中生成的不同文件是如何相互联系的。解决这个问题的更好办法是使用智能型且表达明确的标识符。

4.4 标识符特征

4.4.1 设计命名方案时应考虑以下几个特征。

4.4.1.1 唯一性，命名方案在机构数字资源的大环境下必须是唯一的，如有必要，还应全球唯一。

4.4.1.2 组织机构必须保持资源当前位置与持久标识符之间的联系，这项功能必须保持不变。 029

4.4.1.3 如果能够适应不同类型的材料或藏品的特殊需求，标识符系统将更有效。

4.4.1.4 虽然不是绝对关键的，且对于机器生成的持久标识符并不是必需的，但如果这种标识符容易理解和应用，并且能被简短、易用的引文所使用，那么标识符系统一般会更加成功。

4.4.1.5 标识符应该能够区分文件的各个部分，以及数字文件可能有的版本和作用。由于格式可能随时间而变化，依赖文件扩展名将档案复制件与档案原件区分开的方法是不可取的，尽管其功能保持不变（Dack，1999）。

4.4.1.6 标识符应允许批量重命名操作，以便纳入不同的信息管理系统。 030

第 5 章
原始载体中信号的获取

5.1　概述

5.1.1　数字化过程中，第一步也是最重要的一步是优化从原始载体中获取的信号。一般原则是，应始终保留原件，使将来需要重新查考时可用，但出于两个简单的实际原因，任何转换都应从最佳源文件中提取最优信号。首先，原始载体可能会损坏，日后的重放可能无法达到相同的质量或根本无法重放；其次，信号提取是极为费时的工作，从经费角度考虑，则要求第一次尝试时就达到最优。

031

5.2　老旧过时机械格式的重制

5.2.1　概述

5.2.1.1　最早的音频录音方式是机械录音。直到 20 世纪 30 年代电路技术领域的发展开创了磁性录音市场之前，机械录音几乎是拾取声音的唯一方式。载体表面有编码了声音信号的连续纹槽，便是机械录音。单声道音频的编码通过对纹槽底部进行相对载体表面的上下调制（纵向刻纹录音）或左右调制（横向刻纹录音）来实现。所有圆筒录音都是纵向刻纹录音，爱迪生钻石唱片（Edison Diamond

Discs）、一些早期虫胶唱片以及百代公司1927年前录制的唱片同样也是纵向刻纹录音，1927年后百代开始录制横向刻纹唱片。有些电台广播录写盘一度也是纵向刻纹录音，主要出现在美国。横向刻纹录音是更为常见的形式，大多数粗纹唱片（有时也称“78转唱片”）、录写录音和直刻唱片是横向刻纹，单声道密纹唱片（LP）也是横向刻纹。密纹唱片在5.3节中会单独论述。

5.2.1.2　机械录音为模拟格式，之所以称其为模拟，是因为槽壁经过了展现原始音频连续波形的调制。所讨论的机械录音如今几乎全已过时，因为曾经创造这些人工制品的行业已不再为它们提供支持。早期机械录音是声波直接作用在轻质振膜上，振膜再将刻纹刀直接驱动到录音面上，即声学录音方式。后期机械录音使用了麦克风和放大器来驱动电气刻纹头，即电气录音方式。1925年起，所有录音棚都开始采用电气录音。

5.2.1.3　早期的机械录音都是在行业发展期间录制的，因此几乎没有标准。由于技术在不断发展，加之很多制造商为了获得市场优势将最新技术保密，仅有的标准执行的也很差。这一时期遗留给后人的是录音工作在大多数方面都有极其繁多的变种，尤其是声槽的尺寸和形状（见5.2.4）、录制速度（见5.2.5）和所需的均衡（见5.2.6）。因此，处理这些录音的人员对这些录音创建时期的历史背景和技术环境需有一定的了解。对于未注明标准或非标准的录音，建议向专家咨询，即使是较为常见的录音类型，也应谨慎行事。

5.2.2　最佳副本的选择

5.2.2.1　机械录音可以是直刻的也可以是复制的。前者大多为唯一制品，是录制某个特殊事件的单份录音。包括蜡筒[①]、胶盘唱片

---

① 最早的商业蜡筒是以声学方式一张一张地复制，表演者常常进行多次表演来制作一批相似的录音。这些相似的录音都应被视为唯一制品。

（也称醋酸纤维唱片）和办公用口授留声机录制的录音（见5.2.9）。而复制的录音则是原始母盘压塑或模塑制作而成的复制品，而且几乎是批量生产。应识别出直刻录音并单独对其进行谨慎处理。

5.2.2.2 直刻圆筒式唱片可从其蜡质外观和触感进行区分，而且通常以软金属皂制成。直刻圆筒式唱片的颜色从淡奶油糖果的黄褐色到深巧克力棕色都很常见，极少时也有黑色。复制的圆筒式唱片以更加坚硬的金属皂制成，或用包裹在石膏筒芯外的赛璐珞套。复制的圆筒式唱片被制成各种颜色，其中黑色和蓝色最为常见，而且一般在压平的一端上凸印着一些内容信息。

5.2.2.3 最早的可即时重放的唱片格式录音出现在1929年前后。此类唱片由无涂层的软金属（通常为铝，也可能是铜或锌）制成，其上是以塑纹方式而非刻纹方式制成的横向声槽，可以轻易地与复制的虫胶唱片区分开。与后来的胶盘唱片一样，塑纹金属格式的设计也是为了能让唱片在当时的标准留声机上重放，如此一来录音可以粗略地划分为粗纹和“78转”，但是转录工程师应预想到会有其他种类，特别是在纹槽形态方面。

5.2.2.4 胶盘唱片，或称醋酸纤维唱片，于1934年面世。人们常常说它是层压的，尽管它并不是用这种方法制造的；或者说它是醋酸纤维的，而那也并非其录音面的性质。它们通常由坚硬的盘基（铝或玻璃，偶尔是锌）构成，上面覆盖一层硝酸纤维素漆料，涂成深色以便更好地观察刻纹过程。以厚纸板为盘基的唱片较为少见。刻录性能通过添加塑化剂（软化剂）如蓖麻油或樟脑来控制。

5.2.2.5 胶盘唱片看起来与虫胶唱片类似，与乙烯基塑料唱片更像，但可通过多种方式进行识别。无论是从唱片的中心孔或边缘，通常可在外部漆层之间观察到盘基材料。在有纸质标签的唱片上，内容信息通常是打印或手写上的，而非印刷上的。没有纸质标签的唱片上，在中心孔附近会有一个或多个额外的离心驱动孔。尽管金属或玻璃盘基的硝酸纤维素胶盘唱片是最为常见的直刻唱片，但是实际使用中用了很多其他类型的材质，如有以厚纸板做盘基介质的，或以明胶做录音面的，也有采用同种材质的唱片。

5.2.2.6　鉴于固有的不稳定性，胶盘唱片应优先转录。

5.2.2.7　在有多份直刻唱片副本的情况下，最佳副本的选择通常是判定录制品最原始最完好版本的过程。对于批量生产的机械录音，有多份副本属于正常情形，下面关于最佳副本的选择指南就适用这种情况。

5.2.2.8　在通过复制而得的机械介质中选择最佳副本，需要凭借录音生产制作的知识，以及凭肉眼识别出会对信号产生听得到的影响的磨损或损坏的能力。录音行业使用编号和代码来识别录音的性质，这些编号和代码通常位于唱片的引出槽和片芯之间的空隙中。这有助于技术人员确定哪些录音实际上是完全相同的，哪些是相同录音素材的不同版本。观察录音的反光情况是查看磨损或损伤的最佳方式。为了更好地显示效果，必须用到白炽灯，一般从技术人员肩后照向录音，这样技术人员就是顺光观察。荧光灯管或小型节能荧光灯不能提供显示磨损所需的连续光源，不应予以使用。立体显微镜有助于评估纹槽的形状和尺寸，以及检查先前重放造成的磨损，这有利于选择正确的重放唱针。更客观的方法是使用具有内置网格的立体显微镜，如此可以更精确地选择唱针（Casey and Gordon，2007）。　033

5.2.3　清洁与载体修复

5.2.3.1　刻有纹槽的介质会因过去的使用或构成材料的自然降解而受到损害，存储环境条件也或多或少会加剧损害。包括灰尘和其他空气传播物质在内的碎屑会在声槽中聚集，真菌在适宜其生长的气候条件下也会出现。这在直刻圆筒式唱片中特别常见。另外，胶盘唱片可能出现塑化剂从漆料本身当中渗出的情况。这种情况的特点是出现白色或灰色的霉状外观，但从其油脂状态可加以识别。而霉菌的特点是白色或灰色的羽毛状或丝状的生长物。上述的每种情况都会损害重放唱针沿声槽精确运动的能力，因此有必要适当地清洁载体。

5.2.3.2 最为适合的清洁方法取决于具体的载体及其状况。很多情况下湿性溶液能产生最佳效果，但对溶液的选择必须谨慎，在某些情况下最好还要避免使用任何液体。不应使用未披露其化学成分的唱片清洁溶液。所有关于溶剂和其他清洁溶液的使用只应由档案工作者向合格的塑料保护工作者或化学家咨询适合的技术建议后做出决策。但是可以说明的是，胶盘唱片和虫胶唱片以及所有类型的圆筒式唱片都不可接触酒精，因为酒精会立刻对其造成腐蚀。虫胶唱片通常含有吸收性填充料，会在持续接触水气的情况下膨胀，因此在使用任何湿性溶液清洁后应立即干燥。任何湿法清洁过程都应避免接触纸质唱片标签。

5.2.3.3 生产硝酸纤维素胶盘唱片时，蓖麻油常用作塑化剂，当它从唱片表面渗出后一般会分解成软脂酸和硬脂酸。塑化剂流失会导致涂层收缩，进而破裂并从盘基上脱落。这一过程称为脱层。有几种溶液已经成功地用于去除渗出酸（特别参见 Paton et al.，1977；Casey and Gordon，2007）。然而，人们已经发现清洁之后的胶盘唱片可能以更快速度继续老化。因此明智的做法应是在清洁胶盘唱片后尽快制作其内容的数字副本。必须再次强调，使用任何溶剂前都应进行效果测试。比如，一些早期的胶盘唱片播放面使用的是明胶而非硝酸纤维素，明胶可溶，若施以任何液体溶剂会立刻对其造成不可逆转的损伤。

5.2.3.4 某些其他介质可能不适合湿式清洁，如在播放面下面用纸张或纸卡片层制造的虫胶唱片和胶盘唱片。与此类似，处理表面破损或脱落的胶盘唱片时必须十分小心，直刻圆筒式唱片只可使用干燥的软刷顺纹槽的轨迹清洁。但是，认为有霉菌孢子时，应极为细心地处理，尽量减少交叉感染。清理霉菌和孢子时应有特殊防护，因为它们可能会造成严重的健康问题。强烈建议操作人员在获得专业建议后再开始处理这些受感染的材料。

5.2.3.5 在认为适合使用湿法清洁的情况下，应在溶液和载体都处于室温时进行，避免温度骤变对载体造成伤害。

5.2.3.6 通常湿式清洁最有效的方法是使用唱片清洗机，如 Keith Monks、Loricraft 或 Nitty Gritty 公司的产品，利用清洗机中的吸尘器去除声槽中的废液。

034

5.2.3.7 对于特别脏的载体，或有顽固痕迹（如干在纸上的残留物）的载体，更适合的清洗方法是将载体（或载体的一部分）放入超声波清洗机进行清洗。这种方法的原理是通过震动载体周围的液体，将污垢震除。

5.2.3.8 在无法使用或不适合使用此类设备的情况下，可以使用合适的短毛硬刷手动清洁。清洁时可以使用洁净的自来水，但最后都应用蒸馏水彻底冲洗干净，去除任何因自来水清洗带来的污染。

5.2.3.9 除清洁之外，可能还需要进一步修复。虫胶唱片和所有类型的圆筒式唱片都是易碎的，处理不当可能会破裂，高温下虫胶唱片还会熔化和翘曲。塑化剂从胶盘唱片中渗出会使漆层在稳定的金属或玻璃盘基上收缩，引起层与层之间产生应力，并导致漆层播放面开裂和脱落。复原破损的圆盘式和圆筒式唱片的理想做法是不使用胶或黏合剂，因为它们不可避免会在被连接的部分之间形成障碍，而障碍再小也能听见。这些过程通常也是不可逆的，不会有第二次机会。制造虫胶唱片和圆筒式唱片的复制品时，制造过程通常会导致载体内部产生一定程度的内应力。如若破损，不同方向的应力可能会导致破损片出现某种程度的扭曲。为了尽量减少这种影响，发生破裂后应尽快复原受损的载体并进行转录。破碎载体的各个部分存放时应互不接触。将碎片以复原的样子存放而不加固定可能会让有精细细节的破碎边缘相互摩擦，造成进一步的损坏。

5.2.3.10　在转盘上复原虫胶唱片效果最好，将唱片放在比其略大的托盘上（理想的是用另外一张可丢弃的或非长期保存的唱片）。将唱片碎片以正确的位置摆放在平盘上，用诸如 Blu-Tack、U-Tack 等可重复使用的压敏黏性腻子涂在唱片边缘，将碎片固定在中心轴周围。在唱片边缘比中心薄的位置，可用腻子将边缘提升至正确的高度。记录下唱针在声槽中的运动方向——若唱片碎片的高度无法完全对齐，为保护唱针和保证转录效果，应让唱针顺势从高的位置落到低的位置上而不是从低处硬推上高处。

5.2.3.11　修复有整齐断裂口的圆筒式唱片，可用¼英寸的黏接胶带作为某种形式的绷带，将唱片贴在重放转轴上重新粘好。更复杂的破损情况应寻求专家帮助。

5.2.3.12　对于胶盘唱片表面翘起的薄片，可在薄片与唱片盘基之间涂抹少量凡士林进行暂时固定，让唱片能够播放。这种做法从长期效果来看很可能是有害的，但它只是用于尝试播放那些被认定无法用现有的其他方式播放的唱片。

5.2.3.13　如果翘曲或弯曲的唱片不经整平也能够播放，那么这便是首选方式，下文所述的与整平唱片相关的风险可以为证。降低唱片的旋转速度能够提高播放翘曲唱片的可行度。（见 5.2.5.4）

5.2.3.14　虫胶唱片可在带有风扇的实验室烘箱中整平。应将唱片放在经预热的钢化玻璃上，必须保证唱片和玻璃是洁净的，以免加热过程中污垢黏附到唱片表面。修复垂直翘曲时可能会有出现水平翘曲的危险，因此不应将唱片温度加热太高，42℃左右足矣

（参见 Copeland，2008，附录1）。

5.2.3.15　整平唱片是个有效的方法，它能让无法播放的唱片变得可播放。然而，当前研究表明，以加热的方式整平唱片会导致次低频明显提升，这种提升甚至会出现在人耳可听到的低频范围下限以内。（参见 Enke，2007）虽然该研究并未下定论，但在决定是否对某张唱片作整平修复时应对其观点予以考虑。对整平效果的分析是在乙烯基唱片上完成的，但整平是否适用于虫胶唱片仍无定论，尽管处理虫胶唱片时的低温让整平的风险小得多。虽然如此，需要在出现损坏的可能性和让唱片可播放之间进行权衡。

5.2.3.16　尽管强烈建议不要对直刻唱片作永久的整平修复（何况任何尝试都可能失败并对唱片表面造成损坏），但有时可以利用夹子夹住或将唱片边缘固定在转盘上以暂时减少翘曲。处理时必须十分小心，特别是胶盘唱片，其表面受到压力时易受损。层压成型的可弯曲唱片在出现翘曲时，可以将唱片放置在唱片刻纹机的真空吸附转盘上，小心恢复唱片的平整。采取所有物理处理方式都应极其小心，避免造成损坏。

5.2.3.17　有些复制而得的唱片制造出来后心轴孔不在唱片中心。播放此类唱片时，最好是将其放在有可拆卸心轴的转盘上，或用例如废唱片或橡胶薄片将唱片垫高，以超过心轴的高度。若使用后种方法，应在支座上将唱臂抬高相同的距离。用铰刀或钻孔器有可能将旋孔改回至中心，但应小心采用这种介入性方法，切不可用于仅有唯一副本或独有副本的情况下。改变原件可能会造成丢失二次信息。

5.2.4　重放设备

5.2.4.1　刻有纹槽的录音需要用唱针和唱头来重放。尽管光学技术具有一些特殊优势，这在下文中将有所讨论（见5.2.4.14），而且光学重放技术的不断发展，让应用无须物理接触的系统获取纹槽内容的可能性越来越大，但是目前获取此类录音的音频内容最好、最经济的方法还是使用正确的唱针。对于横向刻纹录音，有一套不同曲率半径的唱针至关重要，半径范围从38μm（1.5密耳[①]）到102μm（4密耳），早期和后期电唱机则还需分别额外准备一些曲率半径为76 μm（3密耳）和65 μm（2.6密耳）的唱针。对特定的声槽选用正确的唱针，并将唱针正确地放置在重放区上，避开磨损或损坏的槽壁，能确保得到最佳的重放效果。重制状况良好的唱片时，用椭圆形针尖的唱针能得到更好的精确度和更少的表面噪声；而重制看起来状况较差的唱片时，用圆锥形针尖的唱针更合适。先前使用造成的磨损很可能位于槽壁的特定区域，因此留下了一些未受损区域。选择合适的针尖尺寸和针尖形状能让这些未受损部分得到复制，并且不拾取受损部分造成的声音失真。任何形状的唱针，将针尖截短都能更好地避开纹槽底部的受损部分。重放百代公司的横向刻纹唱片时要小心谨慎，因为它们的槽宽通常较大，因此需要使用有更大曲率半径的针尖，以免损坏纹槽底部。

5.2.4.2 虽有单声道唱头，但更常用的是立体声唱头，因为它能够分别捕获每一侧槽壁的声音。动圈式唱头有更好的脉冲响应，有助于更好地将声槽噪音从音频信号中分离出来，因而往往备受重视。然而，就针尖尺寸而言（针尖是唱头密不可分的一部分），动圈式唱头的可选范围不如动磁式唱头那么大，能订购到的也要贵4倍左右。动磁式唱头更常见、更耐用，价格也更低，而且总的来讲更有胜任力。重放虫胶唱片时，30～50mN（3～5g）的循迹力较为合适。建议重放胶盘唱片时施以更轻的循迹力。使用立体声唱

① 1密耳=0.001英寸。

头的一个优势是能分别存储两个相关联的通道，日后便可分别对两个通道进行选择和处理。需要听的时候，横向刻纹录音的两个通道可以同相混合，纵向刻纹录音的两个通道则异相混合（相对于唱头）。

5.2.4.3　纵向刻纹录音与横向刻纹录音选择合适唱针的标准有所不同。重放圆筒式唱片和其他纵向刻纹的录音时，需要选择最适合纹槽底部的唱针，而不是选择放入槽壁边特定空间的唱针。对直刻圆筒式唱片来说，这一点至关重要，因为如果选错了唱针，即使很小的循迹力也可能造成损害。尽管椭圆形唱针能够避免因频率产生的循迹错误，但一般倾向于选择球面唱针，特别是对于表面受损的录音。标准圆筒式唱片（100纹/英寸）所用的典型唱针尺寸在230μm（9密耳）到300 μm（11.8密耳）之间，而200纹/英寸圆筒式唱片的唱针尺寸在115μm（4.5密耳）到150 μm（5.9密耳）之间。重放圆筒式唱片时，可使用针尖曲率半径比槽底半径稍小一些的唱针。截短针头的唱针会损坏声槽，因为唱针循迹的接触点不在针尖而在边缘，这会造成声槽的那部分遭受更大的压力。

5.2.4.4　选择应获取的设备时，特定藏品的内容是确定所需设备类型的首要指标。不同类型的载体显然需要不同类型的重放设备，甚至相似的载体也可能需要专门的设备。

5.2.4.5　一般情况下，不应使用老旧设备，主要因为老旧设备运行时会有隆隆声，而对于圆筒唱机来说，不应使用的主要原因是其循迹力比对应的现代重放设备大很多。一些有问题的圆筒式唱片在这种设备上可能无法播放，它不像现代圆筒唱机一般会通过唱针运动自动控制进给量来循迹。使用这种老旧设备无法正常对终止槽循迹，也不可能正常循迹几乎平行于声槽的划痕。要解决这个问题，可以使用有固定进给量的现代播放器，或使用改装过的老旧圆筒唱机。

5.2.4.6 电台广播录写唱片的直径通常为16英寸。如果藏品中有此类唱片，有必要获取符合此唱片尺寸的转盘、唱臂和唱头。对于12英寸的标准唱片，一般需要对现代精密转盘进行改造，使其具备大范围变速的功能。

5.2.4.7 只要有合适的双触点唱针或马镫形唱针，为大规模复制唱片制作的负版金属压模本身也能重放，此类唱针的两个顶点跨在凸脊两侧（就是唱片纹槽倒过来时的样子），放置时需小心，以免掉进相邻凸脊之间。由于压模的螺线与其复制而得的唱片相反，因此压模应逆时针旋转，即与复制而得的唱片方向相反，才能以从头至尾的方向播放。要正确地做到这一点，就需要一个完全反向安装的音臂。更为简单并同样有效的做法是在标准的顺时针转盘上从尾至头播放压模，再用当前高质量的任何音频编辑软件对所得的数字转换结果进行方向反转（头尾对调）。

5.2.4.8 双触点唱针现在非常难获得，它分为两类，即低顺性和高顺性。前者是为修复金属压模的制造缺陷而设计的，因此并不适合用于档案转换工作。后者是为可听的重放而非压模的物理修改而设计的，循迹力明显更轻，因此更适合用于档案转换工作。

5.2.4.9 用于档案转换工作的转盘和圆筒唱机须为精密的机械装置，以便将传输到录音面上的外来振动降到最低，录音面则用作唱头的接收振膜。低频振动称为隆隆声，这些振动通常有相当大的垂直分量。为了减少外部振动产生的隆隆声，必须将重放设备放置在不易传输结构振动的稳定台面上。重放机器的速度应至少达到0.1%的精准度；抖晃率（DIN 45 507加权）应低于0.01%；未加权隆隆声应低于50 dB。转盘应为皮带驱动或直接驱动；不推荐使用摩擦驱动轮机器，这些机器无法达到合适的速度精准度和较低的隆隆声。

5.2.4.10 任何电源线和电机都必须加以屏蔽，以防电气噪声进入唱头电路。如若需要，可另用高导磁合金板隔离电机，以防止其影响唱头。连接前置放大器的电缆必须符合有关唱头负载阻抗的规范。安装操作应遵循最佳模拟工艺规范，而为确保没有噪声掺杂到音频信号中，还必须遵守适当的基础程序。应通过对测试唱片输出进行分析，对上述所有建议和规范予以量化（见5.2.8）。

5.2.4.11 转盘和圆筒唱机都应具备可调节重放速度的功能，半速重放功能尤为理想（见5.2.5.4），还应具备速度显示功能以方便记录，可以是种信号，适合自动记录元数据。唱臂必须安置在可调节的基座上，不仅可调节与转盘中心的距离，也可调节高度。

5.2.4.12 为了评估和确定最适宜的设备和设置，必须对不同的选择进行比较。通过同步比较或A/B比较可获得最好的结果，还应选择音频编辑软件，这样可对多个音频文件进行同步比较。使用不同的参数对录音的一部分进行转换，并在编辑器中对产生的不同音频文件为聆听目的进行校准，从而可以实现重复性的直接对比，而且可将过程中固有的主观性降到最低。

5.2.4.13 开展数字化之前，应就均衡曲线的应用做出决策（见5.2.6）。如果需要均衡处理，应有适当的前置放大器，可通过反复调节做出所有需要的设置。

5.2.4.14 替代接触式唱头的一种方式是对圆盘式唱片或圆筒式唱片的整个表面以高分辨率进行扫描或拍照，然后再转换成声音。很多项目已经开展到了准商业的程度（ELP Laser Turntable；IRENE by Carl Haber，Vitaliy Fadeyev et al.；VisualAudio by Ottar Johnsen，Stefano S. Cavaglieri，et al.，Sound Archive Project，P. J. Boltryk，J. W. McBride，M. Hill，A. J. Nascè，Z. Zhao，and C. Maul）。然而，

截至目前调研的所有技术都有一些局限性（光学分辨率、图像处理等），致使与使用标准机械设备相比音质较差。一种典型的做法是利用光学获取技术转换那些状况极差的唱片，这些唱片无法使用机械重放设备进行重放，或太过脆弱以至于重放过程会对其造成不可接受的损伤。

5.2.5 速度

5.2.5.1 粗纹虫胶唱片尽管说是“78 转唱片”，但常常不是以精确的 78 转（rpm）录制的，这在 20 世纪 20 年代中期之前录制的唱片中尤为常见。不同的时期，某些唱片公司会设定不同的正式速度，但有时在录制期间，连这些速度也会因录音工程师而发生变化。本指南没有足够的篇幅去讨论具体设置，但是其他文献中有详细的介绍（参见 Copeland，2008，第 5 章）。

5.2.5.2 为转录而重放唱片时，必须尽可能接近原始录制速度，以便尽可能忠实、客观地重获原始录制的声音事件。但是，往往也需要做出主观决策，因此具备与录音内容或录制背景相关的知识是有益的。应在附带的元数据中记录下所选用的重放速度。在产生任何关于实际录制速度的疑问时，这点非常重要。

5.2.5.3 1902 年前后，商业复制而得的圆筒式唱片的录制速度以 160 rpm 为标准，尽管在这之前，至少爱迪生应用过一些寿命不长的速度标准（均低于 160 rpm；见 Copeland，2008，第五章）。虽然直刻圆筒式唱片通常以 160 rpm 左右的速度录制，但也发现有从低于 50 rpm 到高于 300 rpm 的录制速度。在没有已录制的参考音高（早期的一些录音师偶有提供）的情况下，这些需要通过人耳聆听进行设置，并作出相应记录。

5.2.5.4 将圆盘式唱片或圆筒式唱片降速重放可以提高在受损载体上准确循迹的能力。根据可用的设备，可以尝试很多方法进行降速，但为补偿速度变化进行调整时，应始终注意降速对数字文件采样率的影响，因此应相应地选择适当的采样率。且采用半速重放可能是最为简单的办法，因为可将其与双倍采样率的方式结合使用，转录出速度经过校正的录音，采样率转换引起的失真最小。应注意的是，降速重放只是解决循迹问题的众多技巧之一。先尝试其他操作也是有益的，例如调整防滑器来平衡唱针跳跃的方向，或使用或大或小的循迹力使唱针保持在声槽中。

5.2.5.5 尽管与原始速度相比，降速重放可能导致出现更多的表面噪音，但滤波设备（不论是数字还是其他形式的）的工作会更为有效。降速播放意味着高频信号的频率减半，而表面受损引发的有害的脉冲噪声的升高时间维持不变，因此更易加以区分。然而，有些复杂的预测性滤波设备处理非原始速度不甚有效。低速副本必须是全“平直”的转录录音，没有任何后期的均衡处理。

039

5.2.6 重放均衡

5.2.6.1 出现电气录音技术后，均衡不仅成为可能，也成为必需。录音中的均衡处理要在录音之前提升或衰减信号的某个频率，重放时再反向衰减或提升。这在电气录音上成为可能是因为录音和重放系统如今引入了电路技术，而电路技术实现了一个在声学的录音过程中无法实现的过程。均衡成为必需是因为声音在唱片中展现的方式无法实现电子技术达到的动态范围或频率响应。

5.2.6.2 声音录制到唱片上的方式有两种：“恒定速度”或“恒定振幅”。唱片的恒定速度是指不管频率如何，唱针的横向速度保持不变。理想的声学唱片录音会在其整个可录范围内展现恒定速度的特性。恒定速度表明信号的振幅峰值与频率成反比，这意味着高频率记录为低振幅，低频率记录为相对高的振幅。振幅之间的差异可以非常显著。以跨8个八度为例，最低频率和最高频率的振幅比为256：1。对低频率并不适宜采用恒定速度，因为声槽的偏移会过大，由此会减少可用的录制空间，或造成音轨间出现串轨现象。

5.2.6.3 恒定振幅则是指不论频率如何，振幅保持不变。恒定振幅主要适合低频率而不适合较高的频率，因为录制唱针或重放唱针的横向速度会因为太快而造成变调。为了克服这两种方法造成的困境，唱片制造商录制电子唱片时，对低频采用或多或少的恒定振幅，对高频则采用恒定速度。两者之间的切换点称为低频分频点（见表1）。

5.2.6.4 随着录音技术的进步，以及越来越高的频率能够得以捕获，这些更高的频率在唱片上形成了相应较小的振幅。由于这些高频部分的振幅极小，因此这些高频信号与盘面不规则度的比例近乎相等。这意味着极高频从振幅上相当于有害的表面噪声，也被称为弱信噪比。为了克服这一问题，唱片制造商开始提升高频信号，因此这些极高频即便不能完全达到恒定振幅录音但起码也能够基本达到。高频从恒定速度切换到恒定振幅的点被称为高频滚降分频点（见表1）。这种高频均衡的功能是改进信噪比，通常在录音中被称为预加重，在重放中被称为去加重。

5.2.6.5 常用的动圈式唱头或动磁式唱头都是速度传感器，如若需要，它们的输出可以直接输入标准的前置放大器中。压电重放系统和光学重放系统都是振幅传感器。在这些情况下，应当采用常见的斜率为每倍频程 6 dB 的均衡处理，因为恒定速度和恒定振幅录音之间的差别为每倍频程 6 dB。

5.2.6.6 所谓“声学的”（纯机械刻纹）唱片在录制时没有刻意而为的均衡处理（尽管确有工程师会调整部分录音路径），因此，声学录音唱片的频谱会展现出共振波峰和相应的波谷。不可能运用标准均衡来补偿声学录制过程，因为在不同录音之间，甚至同一录制过程中的录音之间，录音喇叭和唱针振膜的共振都不同，更不用说其他机械阻尼效应。这种情况下，应以“平直”的形式重放录音（即不作均衡处理），转录完成后再进行均衡。

5.2.6.7　对于“电气的”（电驱动刻纹）录音来说，有必要决定是重放时就使用均衡曲线还是以平直的方式转录。若知道准确的曲线，可以在制作录音副本前在前置放大器处进行均衡处理，或在制作平直录音副本后进行数字均衡处理。若对恰当的均衡曲线仍存疑，则应平直转录。只要过程被完整地记录下来，而且平直转录录音保留为存档母版文件，那么后续制作的数字版本可以采用任何听起来合适的曲线。无论均衡处理是否在初期转录期间进行，模拟信号链（从唱针到模数转换器）中的噪声和失真都控制在最小才是关键。

5.2.6.8　值得指出的是，平直转录的录音所需的动态余量比采用了均衡曲线的转录录音多20 dB左右。然而，由于24 bit的数模转换器所具备的动态范围大于原始录音的动态范围，多出的20 dB的余量就可以被容纳了。

5.2.6.9　除了上文所述动态范围的局限，转录电气录制的唱片时不进行去加重的一个缺点是，对唱针的选择最初是通过人耳聆听来评估每个唱针的有效性的，而在聆听未经过均衡处理的音频的同时理性地评估不同唱针的效果，虽并非不可能，却更为困难。有些档案馆采取的方式是对某一特定类型的所有录音都采用一个标准曲线或本馆专有的曲线，以此选择唱针和进行其他调整，继而同时产生平直的和均衡处理的音频数字副本。鉴于并不总能知道准确的均衡，平直的[①]副本因具有能让未来使用人员按要求进行均衡处理的优势，是人们更愿选用的方式。

5.2.6.10　用于去除可闻喀啦声、嗞嗞声等声音的降噪工具，在采用均衡

① “平直的”通常用于指速度型唱头未做均衡处理的输出。

曲线处理前使用是否比在处理后使用更为有效这一问题上有些争议。答案很可能根据工具的具体选择和所应用工作的性质而有所不同，而且由于工具在不断改良，因此无论如何都会受到变化的影响。这个问题最重要的一点是，降噪设备，甚至无用户设定参数的全自动工具，最终都会用到主观和不可逆的处理方法，因此不应用于创建存档母版文件。

5.2.6.11　必须对所有做出的决策进行完整记录，包括设备、唱针、唱臂和均衡曲线（或不采用均衡曲线）的选择，并以元数据的形式加以维护。

041　5.2.6.12　下面列出主要的重放均衡曲线。

表 1　电子录制粗纹（78rpm）唱片均衡表①

分类	低频分频点②	高频滚降分频点（每倍频程 -6 dB，除有标记处）	滚降 @10 kHz
声学录音	0		0 dB
Brunswick 唱片	500 Hz（NAB）		0 dB
凯必多唱片（1942）	400 Hz（AES）	2500 Hz	-12 dB
哥伦比亚唱片（1925）	200 Hz（250）	✝5500 Hz（5200）	-7 dB（-8.5）
哥伦比亚唱片（1938）	300 Hz（250）	1590 Hz	-16 dB
哥伦比亚唱片（英国）	250 Hz		0 dB
迪卡唱片（1934）	400 Hz（AES）	2500 Hz	-12 dB
迪卡唱片全频带录音（1949）	250 Hz	3000 Hz*	-5 dB
早期 78 转唱片（20 世纪 30 年代中期）	500 Hz（NAB）		0 dB
百代唱片（1931）	250 Hz		0 dB

① 参考文献：Heinz O. Graumann，Schallplatten - Schneidkennlinien und ihre Entzerrung，(Gramophone Disc - Recording Characteristics andtheir Equalizations) Funkschau 1958/Heft 15/705 - 707. 此表并未包含所有曾使用的曲线，其他一些有争议的文献来源对所列的部分曲线在描述上有些许不同。此领域的研究仍在继续，读者可以再与其他成果对比，如 Powell & Stehle，1993 或 Copeland，2008 等。

② “分频点”和“滚降”定义见 5.3 节表 2、表 3。

续表

分类	低频分频点	高频滚降分频点（每倍频程 -6 dB，除有标记处）	滚降 @10 kHz
HMV 唱片（1931）	250 Hz		0 dB
伦敦唱片全频带录音（1949）	250 Hz	3000 Hz*	-5 dB
水星唱片	400 Hz（AES）	2500 Hz	-12 dB
米高梅唱片	500 Hz（RIAA）	2500 Hz	-12 dB
Parlophone 唱片	500 Hz（NAB）		0 dB
胜利唱片（1925）	200 ~ 500 Hz	†5500 Hz（5200）	-7 dB（-8.5）
胜利唱片（1938 ~ 1947）	500 Hz（NAB）	†5500 Hz（5200）	-7 dB（-8.5）
胜利唱片（1947 ~ 1952）	500 Hz（NAB·）	2120 Hz	-12 dB

注：* 斜率为每倍频程 3dB。不宜在这些有标注的频率上采用每倍频程 6 bB 的斜率，因为即使可以在 10 kHz 处调整出正确的读数，滚降也会发生在错误的频率处（如 6800Hz），并且在所有其他频率处也都不正确。

† 这仅是获得更自然的声音所推荐的滚降分频点。过于显著的高频成分很可能是由于麦克风的共振峰导致，而非录音特性导致。

5.2.7　录音设备组合错位引发问题的校正

5.2.7.1　为了尽可能紧密地跟随刻纹刀的运动轨迹，尽可能准确地捕捉声槽中的信息，理想的做法是在校正重放唱针时复制刻纹针出现的任何错位。刻纹器有几种错位，大部分难以识别、量化和纠正。然而，最常见的错位反而更易识别和处理。这种错位会在平头刻纹刀从主轴上掉落时出现，由此产生的录音在使用轴上椭圆形唱针播放时会在声道间产生延时。如果椭圆形唱针不能（通过正确的安装唱头）旋转以匹配刻纹刀的角度，使用圆锥形唱针重放能在某种程度上改善这一问题，尽管有可能要在高频响应上做出妥协。或者可以在最初作长期保存的转录之后，在数字领域中修正延迟问题。

042

5.2.8　校准唱片

5.2.8.1　音频系统的校准是在一个频率范围内，以定义的指标输入，再测量相应的输出。前置放大器/均衡器的校准，可以通过输入变频的恒定信号并加载正确的阻抗来实现，通过绘制输出端的频响曲线来测量。有专用于此的自动设备。在使用中，音频从拾音头输入，拾音头是将机械输入转换为电子输出的传感器，为此我们需要一个机械校准信号。当能够商业购买机械录音后，为校准目的而制造的测试唱片应运而生。国际音频工程协会（AES）通过其标准化委员会开展了一个持续、活跃的项目，制作和出版一系列简易的测试唱片，既有适用于粗纹录音的，也有适用于密纹录音的。从 AES 网站上（http：//www. aes. org/standards/b_ data/x064 - content. cfm）可获得 AES 78 转校准唱片套装“面向 78 转粗纹唱片生产的校准唱片套装。AES 分类号 AES - S001 - 064”。

5.2.8.2 如果采用测试唱片进行的校准有足够的解析度，那么可将绘制的曲线视为唱头或唱头—前置放大器—均衡器组合的转录函数曲线图。肉眼检查曲线除了能让操作人员知晓总体缺陷，也可以作为形成数字滤波器的基础，从机械录音中过滤出数字化信号，并让数字化信号独立于所使用的唱头（和前置放大器与均衡器）。只需要确定使用的测试唱片和待转录的机械录音所做的调整别无二致（理想的情况是，两个输入所用的录音材料有同样的表现）（进一步讨论见 Brock - Nannestad，2000）。

5.2.9 办公用口授留声系统

5.2.9.1 录音技术实际上从一开始就被市场化，用作业务工具。可以界定三大类口授留声机械格式，分别为圆筒式唱片、圆盘式唱片和录音带（磁性口授留声格式见 5.4.15）。

5.2.9.2 为办公用出售的早期圆筒式唱片和录音设备总体来说与用于其他用途的圆筒式唱片和设备一样，声音录制在 105 mm（4⅛英寸）标准长度的圆筒式唱片上（见 5.2.4.3）。然而，专为办公而设计的圆筒格式很多年来都是由哥伦比亚（后更名为 Dictaphone）和爱迪生两家公司生产，两家公司生产的圆筒式唱片约为 155

mm（6⅛ 英寸），且声槽密度分别为 160 纹/英寸和 150 纹/英寸（Klinger，2002）。后期的一些圆筒口授留声机采用电子录制而非声学录制，但是对于采用预加重的情况，如今也不甚了了。

5.2.9.3 市场投放了各种刻纹唱片格式，大部分是在“二战”之后，包括爱迪生公司的 Voicewriter 和 Gray Audograph。虽然这些格式很多都需要专门的重放设备，但是爱迪生公司的 7 英寸弹性 Voicewriter 唱片可以放在标准转盘上，使用美式转轴适配器和密纹唱针进行重放。这种格式的录制速度一般低于 33⅓ rpm。

5.2.9.4 20 世纪 40 年代开始出现一些带式记录格式。它们实质上是可弯曲的塑料圆筒，安置在一个双鼓组合上进行录制和重放。这其中最著名的也许就是 Dictaphone Dictabelt 了。它们的可弯曲性让它们能够像其他办公信纸一样被压平进行保存和传输，但这通常导致其出现永久性的褶皱，给重放工程师带来挑战。小心温和地提升录音带和重放设备的温度是人们所知解决这一问题的有效方法，尽管其适用性取决于录音带所采用的特定塑料材质以及其他因素。录音带格式的录音也需使用专用的重放设备进行重放。

5.2.10 时间因素

5.2.10.1 对于复杂的转录，3 分钟的声音（400：1 的比例）就要花费 20 个小时。3 分钟声音（15：1 的比例）的转录平均要花费 45 分钟，这包括根据对录音与同时代其他录音的关系和录音的存储历史的分析，找出设备的正确设置并选择唱针所花费的时间。一些经验丰富的档案馆提出，对于一般状况的未受损圆筒式唱片的转录，两个技术人员（一位专家和一位助理）每周可转录 100 份（16：1 的比例）。显然，经验不仅能够提升转录比例，也能提升估算所需时间的能力。

5.2.10.2 数字化可能看起来费钱又费力，还需要大量设备、专业能力和人工时间去转录音频并生成所有必要的元数据。然而，这些前期投入的精力和资源会被保留的一个管理妥善的大容量数字存储库产生的长期利益和节省的成本所抵消，极大地减少未来在利用、复制和迁移上的成本。请注意，关键因素是存储库的维护，这在第 6 章等章节会有详细讨论。本章详细说明的是从原始载体中提取最佳信号，仍是此策略的重要组成部分。

5.3 密纹[①]唱片的重制

5.3.1 概述

5.3.1.1 密纹唱片（LP）最早于 1948 年出现，与此前在刚性（且易碎）虫胶盘基上压制而成的商业唱片相比，密纹唱片是在柔性的乙烯基塑料[②]上压制而成，被称为“牢不可破”。

5.3.1.2 在研制出乙烯基唱片时，该行业在标准上达成了更被广泛认可的协议。不再以每英寸 100 纹左右刻制声槽，那是虫胶压制的特征，而是以每英寸 300 ~ 400 纹刻制声槽，并且使用标准尺寸和形状的唱针以 33⅓ rpm 的速度在刻纹机上刻制。7 英寸的乙烯基唱片，包括单曲唱片和 EP 唱片，被定为以 45 rpm 的速度重放，有时以 33⅓ rpm 的速度重放。极少的情况下会为录制发言制作更大直径的唱片，需以 16⅔ rpm 的速度重放，单面可录制 60 分钟。不同公司的均衡特性仍存在差异（见表 3），但有很多前置放大器专门应对这些差异。最终各阵营达成一致，美国唱片业协会（RIAA）曲线成为整个行业的标准。

5.3.1.3 立体声唱片于 1958 年前后进入商业市场，起初很多唱片都生产了单声道和立体声两个版本。槽壁之间成直角，并且垂直倾斜 45°。内槽壁包含左声道信息，外槽壁包含垂直于内槽壁刻录的

① 由于一些后期的粗纹唱片是压制在乙烯基塑料中，因此作为集合描述时人们更倾向于使用术语“密纹”而非“乙烯基塑料”。

② “乙烯基塑料”是指代主要成分为聚氯乙烯或聚乙酸乙烯酯共聚物（PVC / PVA）的唱片材质的俗语。

右声道信息。这一标准沿用至今，尽管在引入时期，少量立体声唱片制作时结合了横向刻录和纵向刻录两种技术，不过很快就终止了。可用立体声唱头播放单声道唱片，但用单声道唱头播放立体声唱片会导致声槽严重损坏。

5.3.2 最佳副本的选择

5.3.2.1 与老旧机械格式和其他过时格式一样（见5.2.2），为了确保恰当的转速并防止磨损，主要通过视觉进行选择。工作人员应熟练掌握各唱片公司使用的编码和标识符，这些编码和标识符通常位于片芯外侧。从中可知晓唱片是初版复制的、后续复制的、（重做母盘处理后）再版的或（原版）压制的。为数字化选择最佳副本时，应考虑与其他收藏单位的合作。

5.3.2.2 工作空间必须有平行的斜射光，因为头顶上方的荧光灯可能会掩盖磨损的迹象。光的质量必须让人能非常清楚地看出哪些属重度调制哪些属于磨损。如果仅有两份副本，而且这两份呈现不同的磨损特性，则两份都保留并转录。

5.3.3 清洁与载体修复

5.3.3.1 拿放密纹唱片应小心，切勿用手指触摸任何乙烯基唱片的声槽区域。汗水和其他皮肤沉积物可能引起重放噪声，另外，它们也会将灰尘吸附在表面上，并促使霉菌和真菌生长，进一步加重重放噪声。拿放唱片时应佩戴棉质手套。如果没有适宜的手套可用，将唱片从封套中取出（和放入）时则应确保指尖处于片芯区域、拇指底部位于唱片边缘，不触碰声槽区域。

5.3.3.2 所有录音的敌人——灰尘是密纹唱片的主要麻烦，这有两个原因：更精细的声槽意味着灰尘颗粒在尺寸上与唱针相当，会导致出现喀啦声和砰响声；乙烯基塑料的静电性质会增加唱片表面对粉尘的吸引力。为了中和这些静电，已经开发了各种商业设备，从碳纤维刷到向唱片表面发射中和电荷的压电“枪”，都有不同程度的效果。

5.3.3.3 清洁唱片最有效的方法是清洗。洗唱片机在唱片表面覆盖一层清洁液，而后使用循轨抽吸设备在唱片表面移动，吸走声槽中的清洁液以及灰尘和污垢，如著名的 Keith Monks 洗唱片机。更简单的一种方法是避开片芯区域，用软化水和温和的清洁剂或非离子润湿剂清洗唱片，如稀释（1%）的具有抗真菌和抗细菌性质的西曲溴铵（氯化正十六烷基吡啶）。然后可以用柔软的骆驼毛刷画圈拂刷唱片，同样也要避开片芯区域，并使用蒸馏水再次冲洗。乙烯基唱片上的油脂沉积物可以用异丙醇去除。鉴于非乙烯基唱片会受酒精影响，应注意确保溶剂不会对唱片造成损坏。

5.3.3.4 不应使用未披露化学成分的唱片清洁溶液。所有关于溶剂和其他清洁溶液的使用只应由档案工作者向合格的塑料保护工作者或化学家咨询适合的技术建议后做出决策。

5.3.3.5 与老旧机械格式和其他过时格式一样（参见 5.2.3），超声波清洗可能会有效。应谨慎选择溶剂，尽管含 1% 西曲溴铵的蒸馏水已是适合的清洁溶液。应避免标签沾上液体，而且应缓慢旋转唱片直至整个声槽区域都被润湿。

5.3.3.6 减少污垢、尘土和静电荷影响最有效的方法也许是在唱片润湿的状态下进行播放。要达到这种效果，可用西曲溴铵溶液涂覆唱片，或用湿的软毛刷在唱针前方先循迹。润湿唱片能显著减少喀啦声和砰响声的发生率，但会加剧之后所有“干燥”状态播放的表面噪声。不建议使用含酒精的液体进行润湿播放，因为悬臂的聚合物轴承可能会发生化学反应进而产生不好的结果。

5.3.3.7 圆盘形唱片最常需要的修复是整平。以下方法适用于盘子形的唱片和弯曲的唱片。需要用到恒温箱（必须使用实验室烤箱，家用烤箱不适宜），通常不超过 55℃，箱中放置两张非常干净的硬化抛光玻璃板，厚度 7 mm，面积 350 mm^2。在对唱片进行手工清洁和干燥后，将其放置在烤箱中预热过的底层玻璃板上，上层玻璃板悬挂在烤箱中。大约半小时之后检查唱片，可能已经沉降到平坦状态。如果没有，则测试唱片的弹性作为其是否软化的指标，而且根据经验会知道将热的上层玻璃板放置在唱片上能否达到期望的效果。将这种夹层状态保持半小时，再戴上手套将上层玻璃板提起。如果唱片完全整平，将完整的夹层从烤箱中取出，并在绝缘支架上冷却。如果未能整平，则将温度以5℃的间隔升高，并重复整平过程。除非充分软化，否则绝不能施加整平压力。

5.3.3.8　整平唱片是个有益的方法，它能让无法播放的唱片变得可播放；然而当前研究表明，以加热方式整平唱片会造成次低频显著上升，甚至包括人耳可听到的低频范围中的次低频（Enke，2007）。虽然该研究并未下定论，但在决定是否对某张唱片作整平修复时应对其观点予以考虑。对整平影响的分析是针对乙烯基唱片，但测试的范围不够广，还需开展进一步研究。必须在这种损坏的可能性与唱片播放的可能性之间进行权衡。

046

5.3.4　重放设备

5.3.4.1　密纹唱片的重放可采取光学重放技术，在选择任何转换设备前应对光学重放技术进行调研；然而目前更常用的是接触式传感器，或称唱针，大多数技术人员认为它不那么复杂而更偏爱使用。使用接触式传感器时，由于重制链中有非常多的变量，任何重放都不可能实现精确的重复。唱臂、唱头芯座、唱针、循迹力以及声槽上已有的变形或磨损都会造成重放时出现变化。甚至温度也会在一定程度上影响唱头芯座和唱针组合的重放特性。但是，捕获密纹唱片中的声音信号进行数字化时，如果重放链中从唱针到录音设备都是高质量的部件，那么就可以确保捕获到最精确的音频。

5.3.4.2　重放链中最重要的部分恐怕是唱头芯座和唱针的组合。一些人认为最敏感的动圈式唱头，往往比较昂贵，而且缺乏耐用性，因此除了操作仔细的家用外，不可用于其他用途。最实用的选择是高顺应性、低循迹力（低于 15 mN，通常引用为 1.5 克）、可变磁阻（动磁）的好唱头芯座配上双半径（椭圆形）唱针。应配备多个重放唱针，范围从 25 μm（1 密耳）（常用于早期单声道密纹唱片）到 15 μm（0.6 密耳）（包括圆锥形、椭圆形和截短唱针），如何选用取决于所需播放唱片的年代与状况。

5.3.4.3 调整唱头系统的垂直循迹角（VTA）时应注意，理想情况下该 VTA 应与录制过程形成的 VTA 一致。20 世纪 60 年代，推荐的重放 VTA 为 15°±5°，1972 年时改为 20°±5°。但是，检查给定唱片的 VTA 是不可能的（除非使用测试唱片，测试唱片能够评估垂直信号的互调失真）。然而，作为一项基础调整，应注意音臂的水平位置，平行于唱片表面，并施加适当的循迹力。这样应该能确保 VTA 与唱头系统制造商所要求的 VTA 一致。此后的任何偏差可通过抬高或降低音臂来调整。

5.3.4.4 另一个需调整的角度是切向循迹角（TTA）。使用切向音臂时，必须确保系统安装后能引导唱针精确地沿着唱片的半径运动。使用传统（中心轴）音臂时，作为折中，必须借助量规来调整唱针的位置（达到有效音臂长度），量规通常由精密设备生产商提供。

5.3.4.5 需配备高质量、低噪声的前置放大器，该前置放大器应能再现标准的 RIAA 曲线并能实现音频的平直转录。如果转录的是 1955 年以前的唱片，那么可能需要用到能够处理表 3 所列均衡变化的前置放大器。具备多重设置的前置放大器目前不易获得，更可取的是在正常前置放大器输出后调整均衡，或在数字领域中对平直转录进行自定义均衡处理。

5.3.4.6 对重放链校准至关重要的是具备刻有所需转录唱片的录音特性的测试唱片，以及调整图形均衡器或参数均衡器的频段，以达到正确的输出。准确的 RIAA 测试唱片可以用于校准非 RIAA 均衡的系统，前提是知道重放曲线的特性。找到合适的测试唱片可能比较困难，即使找到，旧的测试唱片也会有磨损，无法再给出准确的响应，特别是在较高的频率上。

5.3.4.7 20世纪60~70年代众多不同样式的重放组件已经不再供货，虽不像“78转唱片”的重放设备那样难以寻及，但是目前能获得很有限的一些样式。虽然密纹唱片对损害和衰减相对免疫，但是如果合适的重播设备不可用，可能仍旧无法获取密纹唱片中的信息。虽然建议为中期利用储备足够的备件和耗材，但是要注意，唱针和组件并没有永久的保质期。

5.3.5 速度

5.3.5.1 唱片公司对标准的遵循让常见于早期格式的速度设置方面的顾虑有所减少。建议尽量少用配有频闪测量和手动调节速度的转盘，以保证重放设备符合标准。建议使用晶体振荡器驱动。

5.3.6 重放均衡

5.3.6.1 5.2.6解释了均衡的必要性与实现方式。均衡处理也用于密纹唱片，主要包括衰减低于约500 Hz频段的电平（500 Hz是低频的分频点，该频率以下的录音为恒定振幅），并提升约2 kHz以上频段的电平。在500 Hz与2 kHz之间，录音的特征为恒定速度（见5.2.6）。录音过程中进行的均衡处理必须在重放链中加以补偿。很多公司在这方面有他们自己的变化（通常为微小变化），为了准确地重制，需要精确地进行重放均衡处理（见表2）。

5.3.6.2 1955年后录制的唱片符合如今广为人知的RIAA曲线，该曲线已成为整个行业评价较高的标准。RIAA重放特性被界定为在20 Hz到500 Hz之间进行斜率为每倍频程6 dB的低切（低频切除）处理，500 Hz至2.12 kHz（分别为318μs和75μs）之间进行平台式均衡处理（频率范围内做平坦的均匀提升或衰减），2.12 kHz以上则进行斜率为每倍频程6 dB的高切（高频切除）处理。

平台式均衡处理的增益约为 –19.3 dB。

5.3.6.3　下面列出了重放均衡曲线。

表 2　均衡曲线

均衡曲线（按名称的字母排序）	低频滚降截止频点	低频分频点	高频滚降分频点（每倍频程 –6 dB，除有标记处）	滚降@10 kHz
AES	50 Hz	400 Hz（375）	2500 Hz	–12 dB
FFRR（1949）	40 Hz	250 Hz	3000 Hz*	–5 dB
FFRR（1951）		300 Hz（250）	2120 Hz	–14 dB
FFRR（1953）	100 Hz	450 Hz（500）	3180 Hz（5200）	–11 dB（–8.5）
LP/COL	100 Hz	500 Hz①	1590 Hz	–16 dB
NAB		500 Hz	1590 Hz	–16 dB
Orthophonic（RCA）	50 Hz	500 Hz	3180 Hz（5200）	–11 dB（–8.5）
629		629 Hz（750）		
RIAA	50 Hz	500 Hz②	2500 Hz	–13.7 dB

注：*斜率为每倍频程 3dB。不宜在这些有标注的频率上采用每倍频程 6 bB 的斜率，因为即使可以在 10 kHz 处调整出正确的读数，滚降也会发生在错误的频率处（如 6800Hz），并且在所有其他频率处也都不正确。

表 3　1955 年以前密纹唱片均衡表③

分类	低频滚降截止频点	低频分频点	高频滚降分频点（每倍频程 –6 dB，除有标记处）	滚降@10 kHz
Audio Fidelity		500 Hz（NAB）	1590 Hz	–16 dB
Capitol		400 Hz（AES）	2500 Hz	–12 dB

① 改自 NAB：150 Hz 以下的低频，需要提升大约 3 dB。

② RIAA 与 NAB 非常相似。

③ 20 世纪 50 年代的杂志《高保真》（*High Fidelity*）中出现的“Dial Your Discs”表格，该表由 James R. Powell，Jr. 编辑，发布于 ARSC 期刊和各种早期密纹唱片的封套上。“分频点”（第 3 列）是低于唱片制造商制作唱片母盘时降低低音频率的频率，需要在重放时做出相应提升。表中，使用录音曲线的名称表示分频点，如大多数较老旧的前置放大器所标注的；表末尾列出了这些曲线及其分频点。“滚降”（第 5 列）是播放期间所需的 10 kHz 的高切，以补偿唱片母盘制作中的预加重。表中，滚降以 dB 为单位。

续表

分类	低频滚降截止频点	低频分频点	高频滚降分频点（每倍频程－6 dB，除有标记处）	滚降@10 kHz
Capitol－Cetra		400 Hz（AES）	2500 Hz	－12 dB
Columbia		500 Hz（COL）	1590 Hz	－16 dB
Decca		400 Hz（AES）	2500 Hz	－12 dB
Decca（至11/55）	100 Hz	500 Hz（COL）	1590 Hz（1600）	－16 dB
Decca FFRR（1951）斜率为3dB		300 Hz（250）	2120 Hz	－14 dB
Decca FFRR（1953）斜率为3dB		450 Hz（500）	2800 Hz	－11 dB（－8.5）
Ducretet－Thomson		450 Hz（500）	2800 Hz	－11 dB（－8.5）
EMS		375 Hz	2500 Hz	－12 dB
Epic（至1954）		500 Hz（COL）	1590 Hz	－16 dB
Esoteric		400 Hz（AES）	2500 Hz	－12 dB
Folkways		500 Hz（COL）	1590 Hz	－16 dB
HMV		500 Hz（COL）	1590 Hz	－16 dB
London（到LL－846）	100 Hz	450 Hz（500）	2800 Hz	－11 dB（－8.5）
London International	100 Hz	450 Hz（500）	2800 Hz	－11 dB（－8.5）
Mercury（至10/54）		400 Hz（AES）	2800 Hz	－11 dB
MGM		500 Hz（NAB）	2800 Hz	－11 dB
RCA Victor（至8/52）	50 Hz	500 Hz（NAB）	2120 Hz	－12 dB
Vox（至1954）		500 Hz（COL）	1590 Hz	－16 dB
Westminster（1956年以前）或		500 Hz（NAB） 400 Hz（AES）	1590 Hz 2800 Hz	－16 dB －11 dB

5.4 模拟磁带的重制

5.4.1 概述

5.4.1.1 模拟磁带录音技术自“二战”后期大规模发布和普及以来，已渗透到录音行业的各个领域。技术进步使磁带成为专业录音室的主要记录格式，制造业发展使民众能够买得起盘式录音机。1963年推出的飞利浦（Philips）小型盒式磁带让人们买得起录音设备，人们终于能够将任何他们认为重要的事记录下来。几乎每个音频档案馆和图书馆都存有模拟磁带录音，据PRESTO（Wright & Williams，2001）估计，全世界的藏品中有超过1亿小时的模拟磁带录音，这一数字与IASA对濒危载体的调查完全一致（Boston，2003）。自20世纪70年代以来，音频档案工作者推荐以四分之一英寸的模拟盘式磁带作为首选的存档载体，尽管它们有固有的噪声又即将面临化学衰退，但如今仍有些人认为它们是稳定的载体。尽管如此，模拟磁带行业即将消亡，随之而来重放设备也几乎完全停产，因此需要立即采取措施，将这些记录文化历史的大量藏品转移到更可行的系统中进行管理。

5.4.1.2 磁带1935年首次在德国市场上销售，但1947年后美国市场的商业化才真正推动了磁带的普及和最终的标准化。最早的磁带以醋酸纤维为带基，一直持续到引入聚酯（聚对苯二甲酸乙二醇酯，即PET，商业上称为聚酯薄膜）。磁带生产商生产了以醋酸纤维为黏合剂的醋酸纤维磁带和PET磁带，但醋酸纤维黏合剂在20世纪60年代末逐渐被聚酯聚氨酯黏合剂普遍代替。巴斯夫公司（BASF）在20世纪40年代中期至1972年生产了PVC磁带，从20世纪50年代后期开始其逐渐推出了自己的聚酯系列。虽然PVC主要是德国制造商BASF的领地，但3M公司从1960年前后也开始生产PVC磁带Scotch 311。也有纸质带基的磁带，但很少见，出现于20世纪40年代末到20世纪50年代初。盒式磁带一直用聚酯制造。1939年，使用的磁粉为γ Fe2O3，通常称为氧化物，尽管后来改进了颗粒的大小、形状和所掺杂的物质，使噪声有所降低，但这种配方对于几乎所有的模拟盘式磁带和Ⅰ型盒式磁带而言仍然未变。Ⅱ型磁带是CrO2或掺杂了钴的Fe3O4，Ⅲ型磁带（很少遇到）为双层，两层都包含γ Fe2O3和CrO2，而Ⅳ型磁带则是金属的（纯铁）。

5.4.1.3　将磁性颗粒粘连到磁带带基上的材料称为黏合剂，通常被认为是磁带上最易受到化学反应破坏的部分。这在聚酯聚氨酯黏合剂的磁带上尤为常见，它们大多使用的是20世纪70年代的PET带基，而AGFA、BASF和它们的后继者Emtec在很多录音室磁带和广播磁带上则使用了PVC黏合剂，特别是468。

5.4.2　最佳副本的选择

5.4.2.1　诸如磁带之类的可记录介质，同一代往往没有多个副本。除了盒式磁带以外，磁带上的音频很少被批量复制，因此音频档案工作者必须在不同代的版本中进行选择。一般来说，最原始的版本是为保存目的而选择的最佳版本。然而，原始磁带可能已经产生某种形式的物理退化或化学降解，比如水解，此时最好的办法是选择一个在发生衰退前按正规程序制作的副本。磁带很少会显示可见的衰退或损坏迹象，因此在存在多个副本的情况下，最好的方法是从头到尾仔细卷绕，然后试听磁带，从而确定最佳副本。　050

5.4.2.2　为了确保选择的是最合适或最完整的副本，还必须做出管理层面的决定。对于在连续制作过程（如制作音频母盘）或电影、视频的音频制作中产生的磁带，这一点非常重要。

5.4.3　清洁与载体修复

5.4.3.1　磁带清洁：有污物或被污染的磁带在卷绕之前应用软毛刷和低真空吸尘器去除磁带上的灰尘和碎屑。变形的带盘可能会严重损坏磁带，特别是在快速卷绕模式下，因此在进行任何进一步操作之前必须先更换带盘。卷绕磁带时应小心，以免造成损坏。如有必要，可将磁带卷绕到清洁面为软布或其他无绒材质的磁带清洗机上。这对处理完水解（见 5.4.3.3）的磁带也有好处。有些磁带清洗机或磁带修复机会将磁带通过一个锋利的表面或刀片，以此去除氧化物的表层。这种机器专为已录磁带的再次使用而设计，不建议用于长期保存的磁带。应特别注意有脏污的盒式磁带，因为有些声誉好的双主导轴磁带机在重放过程中可能会损坏有脏污的磁带。如果没有适当的磁带张力控制，磁带在两个主导轴之间可能会形成缓冲弯。

5.4.3.2 引带和磁带接头：由于剪接或增加引带，很多磁带都有接头。这种接头很可能会断开，因为粘连剂过干或粘连剂从黏合层中渗出。若是前者则必须予以更换。若是接口的粘连剂渗出，问题则更为严重。粘连剂可能从接头扩散到相邻层上，进而导致磁带黏合剂溶解。它还可能导致层与层相互粘连，并加剧速度波动。去除旧粘连剂必须使用不损坏磁带黏合剂的溶剂。高纯度轻质燃料是合适的溶剂，可用棉签或无绒布蘸其涂覆。建议涂覆在磁带上的量保持在所需的最低范围内，不超过棉签所施加的量。与所有溶剂一样，应在磁带未使用部分少量涂覆作为测试。应将磁带放置几分钟不卷绕，确保溶剂充分蒸发。气流可加速蒸发。有时为了播放磁带上的完整录音，需要更换或增加引带。

5.4.3.3 水解（粘流综合征）：很多 20 世纪 70 年代后生产的磁带重放时都会出现黏合剂化学性受损现象。这种现象通常称为粘流综合征，其中的主要反应是水解反应①，所以也常简称为“水解”。其典型特征是磁头和固定式导带器上出现棕色或奶白色的黏性物

① 水解反应：加入水所产生的化学分解，或水与化合物反应后产生其他化合物的化学反应。

质，常伴有可听到的尖声以及音质变差。

5.4.3.4　处理黏合剂降解的各种方法

5.4.3.4.1　室温、低湿：水解是因为水的介入导致化学键断裂，鉴于断裂后没有发生不可逆的重新结合，那么通过去除水分的简单操作，水解反应应该可逆。要实现这点，可将磁带放入相对湿度（RH）接近0的容器中，延长放置时间，如几周。稍微提高温度会增加反应速度。测试表明，这种处理虽然在某些情况下是成功的，但并不总能完全恢复降解的磁带（Bradley，1995）。

5.4.3.4.2　加热重绕：降解严重的磁带层与层之间有时可能相互粘连，而且卷绕若不加以控制可能会造成损坏。这种情况下，若不是正在进行烘干，则可以直接用干燥的暖风向磁带粘连的部分吹风，然后开始卷开磁带，速度控制在每分钟10～50 mm。

5.4.3.4.3　升温、低湿：处理水解磁带常用的一个方法是在接近50℃的稳定温度和0相对湿度的容器里将磁带加热8～12小时。50℃的温度可能等于或超过磁带黏合剂的玻璃转化温度①，这对磁带回到室温时的物理特性是否有长期影响尚不清楚。不过，它确有个积极但短暂的电声效应，因为这个温度能将重放特性恢复到原始状态。与新胶带交错叠放可能有助于减少因温度升高而引起的复印磁平。为减少温度升高导致的复印效应，应对磁带进行多次倒带（见5.4.13.3）。

5.4.3.4.4　后一种处理方式成功率很高，但不可在家用烤箱中进行。家用烤箱控制温度的能力差，可能会超过安全阈值。此外，此类烤箱的恒温控制器会在一定温度范围内来回变动，而这种情况可能会损坏磁带。千万不可使用微波炉，因为它会将磁带的一小部分加热到非常高的温度，并可能会损坏磁带及其磁特

① 玻璃转化温度：让粘连剂失去弹性变得坚硬、不可弯曲和“玻璃状”的温度。

性。建议选用实验室烘箱，或其他稳定的低温设备。决不可使用更高的温度，因为可能会导致磁带变形。

5.4.3.5 将磁带暴露在上述受控的、升高的温度下，操作时应非常仔细，而且只能在绝对必要的情况下进行。

5.4.3.6 虽然修复可能只是临时性的，但应该能让磁带顺利重放以便进行转录。有趣的是，需要花费更长时间处理的水解磁带已变得越来越普遍。

5.4.4 重放设备——专业级盘式磁带机

5.4.4.1 模拟盘式磁带是几十年来录音制作部门和档案部门的主要支柱，因此盘式磁带放音机和录音机的停产是音频档案管理部门的一个重大危机。目前只有很少的专业级新磁带机还可以从生产商处获得，可能只有小谷公司（Otari）和耐格公司（Nagra Kudelski）。Otari公司还在继续生产单功能机型，与其之前的产品相比新产品可能被描述为第三代的中档机型；耐格公司还提供两款便携式外景录音用的模拟磁带机。并非所有机器都符合必要的重放规范（见下文），因此档案馆必须在购买之前检查其是否符合要求。另一种选择是购买和修复二手机器，因为高端模拟盘式磁带机的市场相当强劲。建议只购买广泛使用的机器，因为可以方便获取零部件和进行维护。合适的档案级盘式磁带机的特性如下。

5.4.4.2 盘式磁带重放速度：标准带速为，30 ips[①]（76.2 cm/s），15 ips（38.1 cm/s），7½ ips（19.05 cm/s），3¾ ips（9.525 cm/s），17/8 ips（4.76 cm/s）和15/16 ips（2.38 cm/s）。是否需要重放所有这些速度取决于每个馆藏的组成情况。没有哪一台机器能够播放所有6种走带速度，但用两台机器兼容所有的带速标准则是

① “ips”即“inch per second”，英寸/秒。

可行的。

5.4.4.3 单声道和立体声¼英寸录音设备有3种基本磁迹形位：全磁迹、½磁迹和¼磁迹。根据具体的标准，实际磁迹宽度有所不同。用小于实际记录磁迹宽度的磁头重放的磁带会显示出低频响应上的变化，即边缘效应，信噪比也无法达到最佳水平。因此，2.775 mm的记录宽度用2 mm的立体声磁头重放，会产生损失约2 dB的信噪比。边缘效应在63 Hz、带速19.05 cm/s（7½ ips）时约为+1 dB（McKnight，2001）。用大于实际记录磁迹宽度的磁头重放的磁带会显示出稍差一些的信噪比，而且可能从相邻磁迹中拾取有害的咝咝声或信号。“这相当于每1.9 mm与2.1 mm之比，对于这些磁头宽度相当于1 dB的电平偏移；或每1.9 mm与2.8 mm之比，相当于3.3 dB的电平偏移。”（McKnight，2001）在实践中，只要没有掺入有害的信号（注意，之前抹去信号的磁带上未被记录的部分可能会导致出现更高的噪声电平），那么对于重放中磁迹宽度的小变化，通常是可以接受的。尽管有些机器可能包括½磁迹和¼磁迹的重放磁头，但可能需要不止一台机器来处理这些标准。

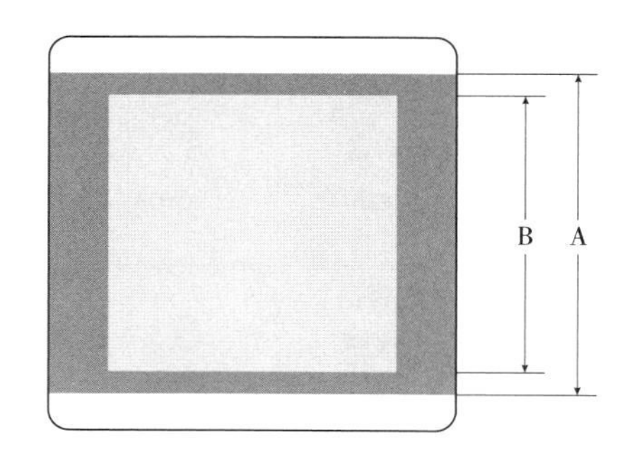

	A	B
IEC1 94－1（1985年以前）	6.3 mm（0.248 in）	6.3 mm（0.248 in）
NAB 1965	6.3 mm（0.248 in）	6.05 mm（0.238 in）
IEC 94－6 1985	6.3 mm（0.248 in）	5.9 mm（0.232 in）

图1 全磁迹磁头形位和尺寸

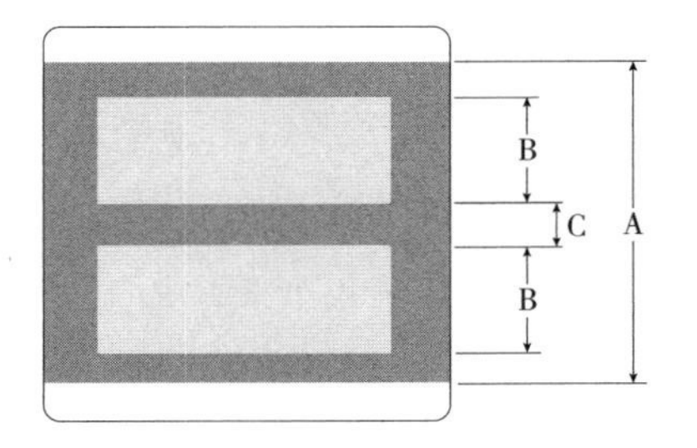

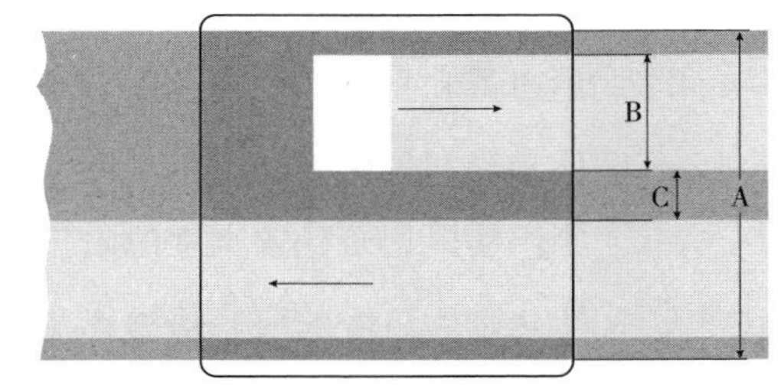

	A	最大记录宽度	B	C
Ampex	6.3 mm (0.248 in)	6.05 mm (0.238 in)	1.9 mm (0.075 in)	2.14 mm (0.084 in)
IEC 94 - 6 1985 双磁迹	6.3 mm (0.248 in)	5.9 mm (0.232 in)	1.95 mm (0.077 in)	2.00 mm (0.079 in)
IEC 家庭立体声（1985 年之前）	6.3 mm (0.248 in)	6.3 mm (0.248 in)	2.0 mm (0.079 in)	2.25 mm (0.089 in)
NAB 1965	6.3 mm (0.248 in)	6.05 mm (0.238 in)	2.1 mm (0.082 in)	1.85 mm (0.073 in)
IEC - 1 时间码 DIN 单声道半磁迹	6.3 mm (0.248 in)	6.3 mm (0.248 in)	2.3 mm (0.091 in)	1.65 mm (0.065 in)
IEC 94 - 6 1985 立体声	6.3 mm (0.248 in)	5.9 mm (0.232 in)	2.58 mm (0.102 in)	0.75 mm (0.03 in)
IEC - 1 立体声（1985 年之前）单声道半磁迹	6.3 mm (0.248 in)	6.3 mm (0.248 in)	2.775 mm (0.108 in)	0.75 mm (0.03 in)
IEC ½ 英寸	12.6 mm (0.496 in)	5.0 mm (0.197 in)	2.5 mm (0.098 in)	

注：最大记录宽度指的是测量外侧磁迹的外缘之间的宽度（见 5.4.4.4）。

图 2　双磁迹和半磁迹磁头形位和尺寸

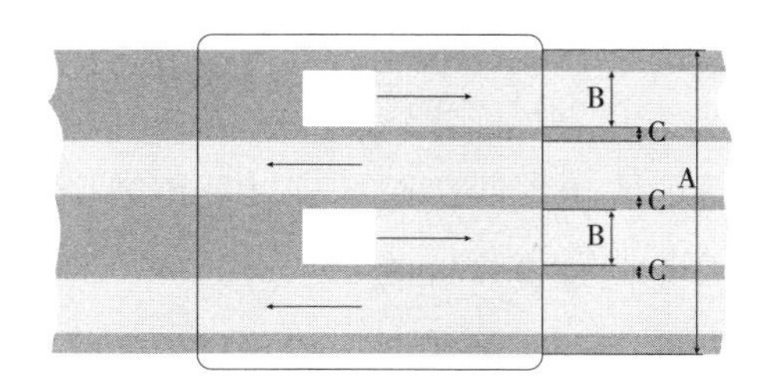

	A	B	C
IECI NAB	6.3 mm (0.248 in)	1 mm (0.043 in)	0.75 mm (0.43 in)

图 3　四分之一磁迹磁头形位和尺寸

054

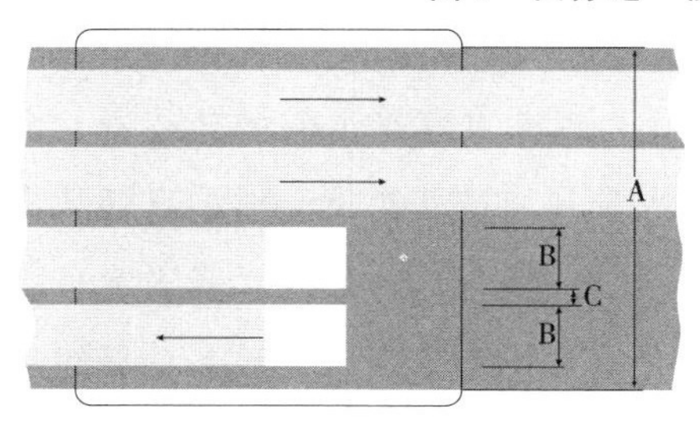

	A	B	C
IEC Philips	3.81 mm (0.15 in)	0.6 mm (0.02 in)	0.3 mm (0.012 in)

图 4　立体声盒式磁带磁头形位和尺寸

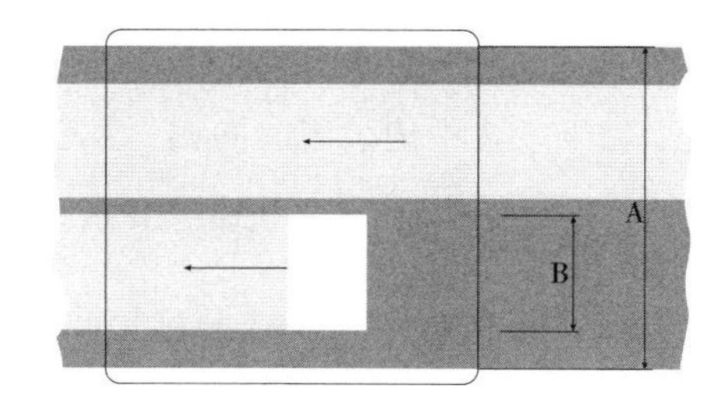

	A	B
ANSI Philips	3.81 mm (0.15 in)	1.5 mm, (0.06 in)

图 5　单声道盒式磁带磁头形位和尺寸

5.4.4.4　欧洲标准和美国标准规定磁头尺寸的方法不同。最初，欧洲生产商主要参照国际电工委员会（IEC）对磁带的规定，即磁带中心和磁迹之间的距离，而美国的标准指的是记录磁迹的一边到另一边的尺寸。磁带本身的尺寸随时间的推移也发生了变化，最早是¼英寸，界定为 0.246 ±0.002 英寸（6.25 ±0.05mm），后来为 0.248 ± 0.002 英寸（6.3 ± 0.05 mm）。IEC 对全磁迹录音记录宽度的界定为："单条磁迹应延展至磁带的完整宽度。"（IEC 94

1968：11）而美国的标准界定记录磁迹的尺寸为 0.238 +（0.010 –0.004）英寸，它略小于 0.246 英寸磁带的宽度（这是解决磁头磨损中“凹槽”问题的实用方法，而且可以沿用到所有的磁迹尺寸）。IEC 后来将其全磁迹宽度改为 5.9 mm（0.232 英寸）。图 1 到图 5 中标准磁迹宽度的数量表明标准化程度很低（Eargle，1995；Benson，1988；IEC 94 –1，1968，1981；IEC 94 –6，1985；NAB 1965，McKnight，2001；Hess，2001）。

5.4.4.5 5.4.2.2 中讨论了用不匹配的磁头宽度重放磁带的最终效果。重要的是尝试评估原始磁带记录时所用的磁头宽度，然后在能获得的最合适的机器上重放。½英寸和 1 英寸的双磁迹录音通常只以½磁迹形位进行录制，而且使用专用的专业级录音设备，目的是提供非常高质量的模拟音频。重放也需要有同样类型和标准的设备，而且需要更加密切注意记录与重放标准的细节。

5.4.4.6 多磁迹录音的范围从家用¼英寸标准到专业级 2 英寸，必须注意确保这些磁带的重放准确无误。如果录音中记录了时间码，那么必须加以捕获和编码，以便用于后期的同步工作（文件格式见 2.8）。

5.4.4.7 磁带机应该能重放具有以下频率响应的信号：30 Hz 至 10 kHz ± 1 dB 以及 10 kHz 至 20 kHz +1，–2 dB。

5.4.4.8 盘式磁带放音机的均衡应能进行校准，以便重放 NAB 或 IEC 的均衡，最好无须再次校准便能在两者之间切换。

5.4.4.9 未加权抖晃率在 15 ips 时优于 0.05%，在 7½ ips 时优于 0.08%，实际速度的平均变化优于 0.1%。

5.4.4.10 专业档案级盘式磁带机还应具备温和运行磁带的特性，不致在重放过程中损坏磁带。很多早期和中期录音室机器的顺利运行依赖于坚固的现代磁带卡槽。这些机器可能会损坏老旧磁带，或外景录音用的长时间播放磁带，即薄磁带。

5.4.5　重放设备——专业级盒式磁带机

5.4.5.1　专业级盒式磁带机如今已无法获得。不仅如此，专业级盒式磁带机的二手市场也不及盘式磁带机的二手市场强劲有力，难以寻及合适的设备。这代表了音频档案馆面临的一个关键问题，它们很多都在馆藏中保有大量的已录盒式磁带。因此，对于任何有盒式磁带的馆藏，寻找并获得专业级盒式磁带放音机都应该是首要任务。专业级磁带机区别于家用磁带机的特性，除了重放规格之外，还包括坚固的机械构造，调整重放特性和磁头方位角的能力以及产生平衡的音频输出的能力。很多高质量发烧级机器具备部分上述特性。合适的档案级盒式磁带放音机包括以下特性。

5.4.5.2　重放速度1⅞ ips（4.76 cm/s）（注意，特别录制的盒式磁带重放时也可能需要$^{15}/_{16}$ ips和3 ¾ ips的速度）。

5.4.5.3　速度变化优于0.3%，加权抖晃率优于0.1%。

5.4.5.4　重放频率响应为30 Hz到20 kHz +2，-3 dB。

5.4.5.5　（根据需要）能够重放Ⅰ型、Ⅱ型和Ⅳ型盒式磁带。

5.4.5.6　大多数盒式磁带机会自动选择正确的重放均衡，方法是读取盒式磁带外壳顶部的孔洞或凹槽以确定磁带类型。少量机器不读取凹槽，但有个开关，操作人员可以用它选择合适的均衡。Ⅲ型盒式磁带可能较难处理，因为它的壳体与Ⅰ型盒式磁带相同，而所需的重放均衡曲线却与Ⅱ型磁带一致。当重放磁带机上没有提供重放Ⅲ型磁带的明确选择时，则可能需要使用可调节均衡的磁带机，或为磁带更换Ⅱ型磁带的外壳（见5.4.12.5）。　056

5.4.6　维护

5.4.6.1　所有设备都需要进行定期维护才能保持正常工作。然而，由于模拟重放设备即将停产，有必要为备用零件做打算，因为生产厂商只会在有限而且可能很短的时间内继续维护备用零件。

5.4.7 设备校准（均衡见后文）

5.4.7.1 模拟设备需要定期校准，保证其继续在正常参数状态下运转。建议每运转 4 小时就对磁头和走带路径进行彻底清洁，若需要可以更加频繁，清洁所有金属部件时使用适合的清洁液，比如异丙醇。橡胶压带轮应使用干燥的小棉团清洁，必要时可用水将棉团沾湿进行清洁。老旧的原始橡胶压带轮如果用酒精清洁，会逐渐变脆，进而加剧抖晃。常为深绿色的新一代聚氨酯压带轮如果用酒精清洁，可能会溶解。应每运行 8 小时就对磁头和走带路径进行消磁，每使用 30 小时检查走带路径和重放特性是否需要校准，每 6 个月应对设备进行全面校准和检查。

5.4.7.2 正如磁带和磁带机即将停产，合适的测试带也变得难以获得，有些现在根本无法获得。档案工作者必须负起责任获得足够的开盘带和盒式磁带的测试带来完成馆藏的转录。

5.4.8 速度

5.4.8.1 尽管在数字领域中也可以纠正速度，但最好避免这种后期的数字矫正，要在初次转录时就谨慎地选择重放速度，记录下选择的速度并注明选择原因。由于故障、疏于校准或有些情况下供电不稳，磁带录音机很容易产生速度不准的问题。因此，任何速度都不应视为理所当然。

5.4.9 无主导轴磁带机与非线性速度

5.4.9.1 有些早期的盘式磁带录音机在设计上没有主导轴和压带轮，因此会导致运转时速度不断上升。如果这些磁带用一种标准、恒定的速度播放，所得信号的音调会随着磁带的重放而降低。为了正确地播放磁带，重放速度必须以与录制速度相同的方式变化。有些年代近一些的放音机，如 Nagra 和 Lyrec 所造的，内置了电压驱动的外部速度控制器，有了它操作人员就可以设计一个简单电路，让电路的曲线与原始速度相一致。有些最后一代的放音机，如

StuderA800系列，内置了微处理器控制器，有了它便能实现速度的程序化操控；其他放音机如Lyrec Frida，可以在MIDI环境中操控速度。然而，不能理所当然地认为速度是线性增加的。早期无主导轴磁带机造价低廉，速度根据带盘上的重量产生变化，通常在磁带的起始位置和末端增加较少，当在这两个位置时，其中一个带盘是满的，因此在整段时间内重放速度的变化曲线远非线性。

5.4.10 重放均衡

5.4.10.1 从频率响应的角度来讲，大多数模拟音频格式的信号呈现故意不做成线性的（即不平直的）。因此，正确的重放需要对频率响应做出正确的均衡处理来进行频响补偿。

5.4.10.2 模拟磁带音频重放最常见的均衡标准见表4。应注意的是，多年来均衡处理技术一直在发展。现行标准用粗体给出，并注明了其发布时间。此前的录音在重放时必须遵循各自的旧标准，且可以增加简单的电路。对于新旧标准转换时期录制的磁带，做决定时应考虑新旧标准的交叉重叠。在此之前，有许多生产商的标准。

表4 模拟磁带音频重放的常见均衡标准

30 ips，76 cm/s	IEC2 AES	（1981）现行标准	∞	17.5 μs
30 ips，76 cm/s	CCIR IEC1 DIN	（1953～1966） （1968） （1962）	∞	35 μs
15 ips，38 cm/s	IEC1 CCIR DIN BS	（1968）现行标准 （1953） （1962）	∞	35 μs
15 ips，38 cm/s	NAB EIA	（1953）现行标准 1963	3180 μs	50 μs

续表

7½ ips，19 cm/s	IEC1 DIN（制片厂） CCIR	（1968）现行标准 1965 1966	∞	70 μs
7½ ips，19 cm/s	IEC 2 NAB DIN（家用） EIA RIAA	（1965）现行标准 （1966） （1963） （1968）	3180 μs	50 μs
7½ ips，19 cm/s	Ampex（家用） EIA（推荐的）	（1967）	∞	50 μs
7½ ips，19 cm/s	CCIR IEC DIN BS	（直到 1966 年） （直到 1968 年） （直到 1965 年）	∞	100 μs
3¾ ips，9.5 cm/s	IEC2 NAB RIAA	（1968）现行标准 （1965） （1968）	3180 μs	90 μs
3¾ ips，9.5 cm/s	DIN	（1962）	3180 μs	120 μs
3¾ ips，9.5 cm/s	DIN	（1955 ~ 1961）	∞	200 μs
3¾ ips，9.5 cm/s	Ampex（家用） EIA（推荐的）	（1967）	∞	100 μs
3¾ ips，9.5 cm/s	IEC	（1962 ~ 1968）	3180 μs	140 μs
3¾ ips，9.5 cm/s	Ampex	（1953 ~ 1958）	3180 μs	200 μs
17/8 ips，4.75 cm/s	IEC DIN	（1971）现行标准 （1971）	3180 μs	120 μs
17/8 ips，4.75 cm/s	IEC DIN RIAA	（1968 ~ 1971） （1966 ~ 1971） （1968）	1590 μs	120 μs
17/8 ips，4.75 cm/s 盒式磁带	IEC Type I	1974 现行标准	3180 μs	120 μs

续表

17/8 ips，4.75 cm/s 盒式磁带	DIN Type I	（1968～1974）	1590 μs	120 μs
17/8 ips，4.75 cm/s 盒式磁带	Type Ⅱ和Ⅳ	（1970）现行标准	3180 μs	70 μs
15/16 ips，2.38 cm/s	未定义			

注：IEC 指 IEC 出版物 60094－1 第四版，1981；NAB 指 NAB 双盘式磁带标准 1965（IEC2），或盒式磁带标准 1973；DIN 指 DIN 45 513－3 或 45 513－4；AES 指 AES－1971；BS 指英国标准 BS 1568。感谢 Friedrich Engel、Richard L. Hess 和 Jay McKnight 慷慨提供磁带均衡信息。

5.4.10.3　在速度为 15 ips 和 7½ ips 时，盘式磁带可以选择重放均衡，甚至对于依据现行标准近期才录制的磁带也是如此。然而，这是最常见的两种录制速度，必须谨慎选择重放的均衡处理参数，确保与录制时的均衡参数相匹配。除了表 4 中提到的标准，还有一些更近期的标准，目的是实现更好的性能，但与普遍接受的标准有所不同。对于 15 ips 的速度，Nagra 磁带录音机可以选择使用一种特殊的均衡处理模式，称为 NagraMaster。美国版的 NagraMaster 具备时间常数 3150 和 13.5μs，欧洲版的 NagraMaster 具有时间常数∞和 13μs。Ampex 使用“Ampex 母带均衡”（AME），也采用 15 ips，但官方仅用在 1958 年推出的特定的½英寸母带录音机上，并且在之后销售了几年（MRL，2001）。日志记录机和一些流行的半专业便携式设备能够以非常慢的速度 $^{15}/_{16}$ ips（2.38cm/s）记录。然而，这些磁带似乎没有商定的交换标准，而且任何均衡都遵守专有惯例。

5.4.10.4　有时缺少文字记录，这种情况下可能需要操作员凭经验用耳听来决定重放均衡参数。盒式磁带重放均衡处理模式与磁带类型相对应，必须仔细确保使用正确的重放均衡模式。很多磁带录音，特别是私人录音和那些缺乏技术支持的文化机构或研究机构的录音，都是在未校准的磁带录音机上录制的。就均衡而言，除非有客观证据表明要用到其他设置，否则都应将该磁带视为已正确校准。

5.4.11 降噪

5.4.11.1 记录在磁带上的信号可能是以掩盖载体固有噪声的方式进行编码的。人们称之为降噪。如果磁带在记录的过程中就已编码，解码时则必须使用正确校准过的相同类型的解码器。最常见的降噪系统包括杜比 A 和杜比 SR（专业）、杜比 B 和杜比 C（家用）、dbx Ⅰ型（专业）和Ⅱ型（家用）（很少使用），以及 TelCom。

059

5.4.11.2 对磁带机记录和重放特性进行校准对降噪系统的正常运行至关重要，而专业录制的磁带通常包含典型性基准电平信号。输出电平以及频率响应可以改变解码系统的响应，同时一定要注意，降噪既可以应用于 IEC 也可以应用于 NAB 标准的均衡处理，而且必须正确重放。近些年的大多数专业盒式录音机中都常规性地包含了杜比 B 和杜比 C，通常没有基准电平信号，而且比专业系统对信号的影响更小。

5.4.11.3 尽管可以对已编码的磁带进行音频转录，后期再进行解码，但校准中的诸多变量都可能加重错误，导致磁带一旦被转录，就很难准确地解码了。因此最好在转录的过程中就进行解码。

5.4.11.4 除非留有文字记录，不然很难评估小型盒式磁带是否用降噪系统进行了编码。与均衡一样，缺乏文字记录可能就需要操作员凭经验用耳听来作决定。通常，正确的重放的特点是背景咝咝声有稳定持续的电平，如果这个电平出现波动就表明重放设置有误。可以借助频谱分析工具进行检测。如果无法确定，盒式磁带副本制作时应不做均衡。

5.4.12 录音设备组合错位引发问题的校正

5.4.12.1 录音设备组合错位会造成录音出现瑕疵，瑕疵的形式有多种。

虽然很多瑕疵无法或难以校正，但有些错误也是可以被客观地检查出来并加以弥补的。对于出现问题的原始文件，必须在重放过程中采取补偿措施，因为一旦信号被转录至另一载体，就不可能再进行任何校正了。

5.4.12.2　方位角和走带路径校准：原始录音机录音磁头校准不正意味着，在重放时，读取的信号会有不足的高频响应，而且在双迹或多迹重放的情况下，两个声道之间的相位关系也会发生改变。调整重放头的角度，让磁头的相位关系与磁带上磁场在同一平面内，这被称为方位角调整，而这种简单的调整能够显著提高所读取信号的质量和可懂度。培训工作人员完成这项任务并不难，良好的双耳听力便是所需的所有测量技术。精确的相位计或示波器将有助于调整单声道及正确录制的磁带，但在廉价的家用设备录制的磁带上使用可能会产生误导。在这种情况下，应依赖听觉判断高频率。可以使用提供实时时间谱图功能的软件程序作为辅助或替代工具。方位角调整应作为所有磁带转录中的常规工作。

5.4.12.3　数字系统可以校正信号的相位关系（通常被描述为方位角校正），但这种操作程序无法找回已丢失的高频信息。方位角调整必须在开始转录之前在原始磁带上完成。

5.4.12.4　原始录音机磁头的纵向校准可能会阻碍信号的恰当再现。这尤其出现在用业余或消费级设备制作的录音上。为了获得录音磁带上磁迹校准的直观展现，应遵循以下步骤：应用一层非常薄的透明聚酯薄膜或类似的透明材料对磁带上已录的部分加以保护。透明薄膜上喷涂颗粒大小小于 3 μm 的粉状或悬浮的铁磁材料。然后，磁带已录部分的磁性属性便能使磁迹可见。薄膜上仔细标注的测量线有助于发现校准的偏差。这些对磁带走带路径的调整不如对方位角调整的要求频繁，但如果必须做，那么重放设备应该由合格的技术人员重新校准。应全面确保没有铁粒子接触磁带，因为它们可能会损坏重放头。

5.4.12.5 盒式磁带外壳：低成本盒式磁带所用的外壳可能会造成磁带卡顿或重放时抖晃率增高。这种情况下，有益的做法是将磁带重新装入用螺丝拧紧的高质量外壳中，确保其中还包含盘芯、压力垫和润滑片。

5.4.12.6 抖晃和周期性带速变化：很难有效改善已录信号的周期性变化。因此，彻底和仔细地对重放设备进行检查、校准和维护非常重要，确保没有引入任何与速度相关的人为噪声。随着高解析度模数转换器和组件的出现，似乎可以实现在转录过程中从模拟磁带中获取高频（HF）偏磁信号，如此则可以实现对抖晃的校正。然而，实现这一点有许多重大障碍，包括缺乏提取这种高频信号的硬件，以及偏磁信号本身固有的不可靠性。由于该操作程序通常费时又复杂，而且不能期待它有实质性的改进，因此不太可能实施，即使能实施，也只有对特定情况下生产的有限类型的磁带才可行。

5.4.13 去除与存储有关的人为噪音

5.4.13.1 大多数情况下，最好在开展数字化之前将与存储有关的人为噪声降到最低。例如，在线性模拟磁带录音中，复印效应是一个为人熟知又令人头疼的现象。减少这个有害的信号只能在原始磁带上进行。

5.4.13.2 复印效应：复印效应是磁场从模拟磁带的一层到磁带带盘上另一层的非有意的转移。它表现为主要信号的预回音或后回音。复印效应信号强度是由波长、磁带涂层厚度，但主要是磁性层中颗粒的矫顽力[①]的覆盖范围共同作用的结果。几乎所有的复

① 矫顽力：在铁磁材料的磁化强度达到饱和之后将其降到零时所需的磁场强度的度量。

印效应都是在磁带被录制并卷绕到一起后很快发生的。但在此之后，复印效应的增加会随着时间的推移而减少。此外，只有温度变化时才会显著地加重复印效应。磁带存储时氧化物面向盘芯是最常见的标准，这种情况下目标信号外部磁带层的复印信号比靠近带盘盘芯的磁带层的复印信号更强。因此，往往推荐磁带存储时“带尾向外”缠绕，这样后回音比预回音更响亮但更不明显。德国广播标准规定磁带氧化物面向外进行卷绕，因此这种情况正好相反，存储这种磁带时应“头部向外”。

5.4.13.3 在播放之前对磁带进行倒带会减少复印信号，这一过程称为“磁致伸缩作用”。然而，系统测试显示，明智的做法是至少倒带三次以便充分减少复印效应（Schüller，1980）。如果复印信号非常强，而且倒带起不到明显作用，那么有些磁带机允许在重放过程中在磁带上应用低电平偏磁[①]信号。这种做法是选择性地去除矫顽力低的粒子，因此能减少复印效应，尽管也可能对信号产生影响，特别是过度使用的话，因此只应作为最后选择的手段，而且应非常小心。

5.4.13.4 尽管可以在原始磁带上降低复印效应，但在此之后的过程中却无法实现同等程度的修复。一旦复制到另一个格式，复印信号便永久地成为所要的信号的一部分。

5.4.13.5 醋酸综合征和发脆的醋酸纤维磁带：醋酸纤维磁带随着时间的增加会变脆，变脆后很难做到播放磁带而不发生断裂。磁带发脆是化学降解的结果，当醋酸化合物的分子键断裂释放乙酸而散发醋的特征气味时会发生化学降解。破损的醋酸纤维磁带可以拼接起来而不产生任何信号损失或劣化，因为脆性使磁带不

① 偏磁：录制时在音频中掺入的高频信号，可帮助减少磁带的噪声，由 Weber 在 1940 年设计。

会变长。然而，脆性磁带可能会出现各种变形，阻碍磁带与磁头的必要接触，而这是获取最佳信号所需的。虽然重新塑化会有所帮助，但这样的处理过程目前还不存在。提醒档案工作者注意化学变化，因为这些不仅会影响磁带的寿命，还会污染重放设备，进而间接污染使用这些设备重放的磁带。因此，建议重放这些磁带时使用年代较近、接受较低磁带张力的设备。这样便能在保养脆弱的磁带和施加足够的磁带张力以实现能及的最佳磁带与磁头接触之间，达成一种可接受的妥协。

5.4.13.6 磁带的物理记忆：存储不善或卷绕不良的聚酯和 PVC 磁带也可能发生磁带变形。磁带通常会保持这种变形记忆，导致磁带与磁头接触不良，从而降低信号质量。不断进行卷绕和保持不动可以减少这种影响。

5.4.14 钢丝录音

5.4.14.1 尽管早在 19 世纪末时就有了钢丝录音的原则，20 世纪 20 ~ 30 年代各口授留声机生产商也生产了可用的型号（见 5.4.15），但是直到 1947 年前后钢丝录音机才成功地向大众销售。

5.4.14.2 钢丝录音机的速度并不标准，不同生产厂商之间有差异，甚至不同型号之间都有所不同。然而 1947 年后，大多数生产厂商遵循 24 ips 的标准速度，带盘尺寸为 2¾英寸。钢丝录音机没有主导轴，因此随着收带盘变满，速度就会发生变化。收带盘的大小对钢丝带的正确重放至关重要，而且往往与特定的机器或生产商有关。钢丝录音机最盛行的时期为 20 世纪 40 年代中期到 20 世纪 50 年代初期，这一时期正好是技术更为先进的磁带录音机发展和引入的时期，因此钢丝带很快就过时了。即使在其鼎盛时期，钢丝录音机也主要被当作家用录音机，虽然有些也作商用。

5.4.14.3 尽管钢丝带很快就不再受人喜爱，但其一直在专卖场有售，直到 20 世纪 60 年代。早期的带盘在尺寸上比 2¾英寸带盘大，但2¾英寸带盘成了最常用的带盘。有些钢丝带（大多在钢丝录音机历史初期）用镀或涂覆的碳钢制成，它们现在可能已经被腐蚀，难以播放。然而，很多钢丝带的状况仍然极好，它们用含有18%的铬和8%的镍的不锈钢制成，未受腐蚀。

062

5.4.14.4　钢丝录音机的原理相对简单，因此建造一个放音机是可能的。然而，成功地卷绕和播放纤细的钢丝而不出现缠结或断裂则有些复杂，因此重放的最佳方法是利用原始钢丝机，尽管也需要说明有些专家已经改造了磁带机来重放钢丝。使用原始钢丝机时，建议彻底检修音频电子设备，保证展现最佳性能，或用现代的组件替代音频电路，这也是更为推荐的做法（Morton，1998，King：n. d.）。

5.4.15　磁性办公用口授留声格式

5.4.15.1　第二次世界大战之后的几十年中，出现了各种各样磁性记录的办公口授留声格式。办公室的需求与其他音频录音环境的不同之处体现在它们的设计中：尺寸变小、重量减轻、操作简单和速度可变是优先考虑的问题，通常会以损失声音品质为代价。磁性口授留声系统可以大致分为磁带格式和非磁带格式。

5.4.15.2　这种磁带包括钢丝带（见5.4.14）、盘式磁带和盒式磁带。有些格式可以用标准设备播放（比如非标准的盒式磁带有时可以放入标准的盒式磁带外壳中进行重放），而有些只能在专门的听写格式放音机上播放。在有选择余地的情况下，则需要在两种方法之间做出抉择。一个涵盖使用高规格、相对容易维护的标准设备，可能同时还存在带宽、磁头形位、重放速度、均衡、降噪方面兼容性较差的情况。另一个在载体和放音机之间的兼容性更高，但很可能的代价是规格稍低以及需要对原始格式专用的设备进行极为专业的维护。基于磁带的格式可以进一步划分为线性速度和非线性速度。若在传统设备上重放，前者的问题会少些；虽然后者也可以用这种设备播放，但需要进行速度调整（见5.4.9）。

5.4.15.3 非磁带格式包含各种各样的盘状、带状、卷状和片状格式，令人眼花缭乱，它们的特点是表面均有磁性涂层，记录和重放所用的磁头与传统磁头基本类似。若有足够的专业知识、时间和金钱，那么是有可能为部分格式制作重放装置的。然而，很多情况下，找到一个原始放音机更为可行，而且可以雇用拥有合适设备的专家来完成这项工作。

5.4.16 时间因素

5.4.16.1 复制音频材料内容所需的时间有很大差异，主要取决于原始载体的性质和状态。真正播放载体的步骤只是过程的一部分，整个过程还包括重新卷绕、评估、调整和做记录。即使是一个有完备文字记录、质量好、持续时间为1小时的模拟磁带，平均而言，要花费录音长度两倍的时间才能正确转录到数字载体上。若在20世纪90年代中期，德国广播电视联合会（ARD，Arbeitsgemeinschaft der Rundfunkanstalten Deutschlands）的档案工作组会认为这算乐观的，因为他们为其广播站典型档案馆藏假定的转录因子为3（1名操作员3小时完成1小时的材料）。若磁带出现需要进行修整或修复的故障，或需要增加文字记录，或需要评估和添加元数据，则需更长的时间才能完成保护、转录和保存工作。

063

5.4.17 信号自动检测、自动加载（优点与缺点）

5.4.17.1 建议开展保存性转录工作时，主动监听所有磁带。然而，为解决大量待转录和保存的材料，数字存档系统的生产商一直在研究自动监测和检测信号故障的方法，以期实现转录时无人值守。一名操作人员可以同时开展多项转录，因此时间上的节省显而易见。这些数字存档系统处理那些记录在稳定载体上的同质程度较高的材料时，处理方式完全相同，本身也受益颇丰。显然，那些馆藏量大、内容大部分质量相同而且拥有建设、管理和运行这种系统的资源的广播档案馆已经应用了最成功的大批量加载系统。对于需要单独处理的材料，自动化系统的优势并不大，这种情况在大多数研究和遗产藏品中都属典型。

064

5.5　数字磁性载体的重制

5.5.1　概述

5.5.1.1　数字磁带在最佳条件下可以产生与所记录信号无差别的副本，然而重放过程中出现的任何未经校正的错误都将被永久地记录在新副本中，而有时已存档的数据中会加进不必要的篡改，这两者都不应该出现。优化转换过程能确保转换的数据最接近原始载体上的信息。一般原则是，应始终保留原件，使将来需要重新查考时可用，但出于两个简单的实际原因，任何转换都应从最佳源文件中提取最优信号。首先，原始载体可能会恶化，日后的重放可能无法达到相同的质量或根本无法重放；其次，信号提取是极为费时的工作，从经费角度考虑，则要求第一次尝试时就达到最优。

5.5.1.2　从20世纪60年代开始，存有数字信息的磁带载体就在数据行业得以应用，然而直到20世纪80年代，其作为音频载体的应用才得以普及。依靠对音频数据进行编码并记录到录像带的系统首先用于2个磁迹的记录，或作为制作光盘（CD）用的母带。这些载体中许多都存在技术过时的问题，迫切需要转换到更稳定的存储系统上。

5.5.1.3　对所有数字音频数据转换的重要建议是在数字领域中完成整个过程，而不依赖向模拟转换的方式。这对于采用标准化接口来交换音频数据（如AES/EBU或S/PDIF标准）的后期技术相对简单。早期的技术则可能需要改良才能实现这种方式。

5.5.2 最佳副本的选择

5.5.2.1 复制模拟录音的结果不可避免会有质量损失，因为在一代一代复制的过程中会造成信息丢失，而与复制模拟录音不同的是，数字录音不同复制过程的结果则既有因重新采样或标准转换引起的降级副本，也有好到甚至可称为比原件更好的（由于误码校正）完全相同的“克隆”副本。在选择最佳源副本时，必须考虑音频标准，如采样率、量化精度和其他规范，包括任何嵌入的元数据。另外，存储副本的数据质量可能随着时间的推移而降低，因此可能需要通过客观测量来确认。作为一般规则，应该选择成功重放而不出现错误或出现尽可能最少错误的源副本。

5.5.2.2 独本录音：原始录音素材，如多轨录音片段、外景录音、日志磁带、家庭录音、电影或视频中的声音，或者母带，可能全部或部分包括独一无二的内容。未被编辑的素材与编辑后的最终产品相比可能用处更大也可能用处更小，这取决于所保存的素材的用途。为确保选择最合适或最完整的副本，必须做出管理层面的决策。真正独一无二的录音不给档案工作者留有任何选择余地。馆藏中有独一无二的内容且仅有单份副本留存的情况下，应考虑其他地方是否存在可替代的副本。如果存在状况更佳或载体更便于使用的其他副本，那么既能节省时间又能省去麻烦。

5.5.2.3 有多份副本的录音：保存原则表明，理想情况下数字磁带副本应该完美地记录下媒体内容本身，以及原始数字文件中所包含的任何相关元数据。任何符合此标准的数字副本都能作为将内容迁移到新的数字保存系统的有效来源。

065

5.5.2.4 实际上，标准转换、重新采样以及对错误的隐藏和篡改[①]都可能造成副本中的数据丢失或失真，而且随时间推移出现的退化会造

① 对错误的隐藏或篡改是指当数据损坏妨碍信号准确重现时，对原始信号的估算。

成原始录音和后续副本质量降低。因此，复制结果会根据所选的原素材而有所差别。同样，成本也会根据原素材的物理格式或状况而有所不同。

5.5.2.5 确定最佳源副本需要考虑制作副本所使用的录音标准、所采用的设备的质量、所采取的效果处理的品质以及现有副本当前的物理状况和数据质量。理想的情况是已经记录了这些信息而且随时可用。但如果不是如此，那么需要在了解不同副本的用途与历史的基础上做出决策。

5.5.2.6 类似介质上的副本：这种情况下，最好的源素材应是数据质量最好的那个副本。第一选择通常是最近期制作的未经改动的数字副本。如果更新近的副本因为退化或不正规复制而不适合使用，那么可以改用更早一代未经改动的数字副本。

5.5.2.7 不同介质或标准的副本：制作或保存过程可能会导致出现不同数字磁带格式的多个副本。最好的源素材应与原始内容所采用的标准一致，具备所能得到的最好的数据质量，并记录在最便于重制的格式上。若以上条件有任意一条无法满足，则应做出判断。

5.5.2.8 如果数字录音是模拟录音的唯一副本，而且模拟格式的原始内容仍然存在，那么当这些数字副本在标准、质量或状况方面较差时，可以考虑选择重新进行数字化。

5.5.3 清洁与载体修复

5.5.3.1 数字磁带在材料和构造上与其他磁带相似，也会产生相似的物理和化学问题。由于采用窄带、小磁迹，以及不断缩小可写入和读取的磁畴的尺寸，数字磁带得以实现高数据密度。因此，即便很小的损坏或污染都能对信号的可获取性产生极大的影响。所有的磁带退化、损坏或污染都会导致出现非常明显的错误。对于所有磁带来说，载体修复的问题和技术都类似，但鉴于带基、黏合剂和磁性材料会不断改良，任何修复操作都必须测试，确认适合具体的介质。

5.5.3.2 对于开盘磁带和常用来承载数字音频信号的大多数录像带格式，有商业化生产的清洗机可以使用，而且这些清洗机可有效清洗中度退化或污染的磁带。对于污染更严重或更脆弱的磁带，可采取真空清洁或手动清洁的方式，但需要进行保护性护理以免造成损坏。任何清洗过程都有造成损坏的可能，因此操作时应小心谨慎。

5.5.3.3 夹具有助于操控磁带和盒式磁带壳体，而且有些格式的夹具在市面上有售。为其他格式专门制造的夹具可以在设备相对齐全的机械车间中制造出来。

5.5.3.4 采用聚酯聚氨酯黏合剂的数字磁带容易出现和模拟磁带一样的水解问题。对数字磁带采用的任何修复都要求严密控制操作过程，而且只可在专为此建造的环境可控的容器或真空烘箱①中进行（见 5.4.3）。这对于数字录音来说甚至更为关键，因为它们通常录制在更薄的磁带上，并装在机械装置复杂的盒式磁带外壳中。

5.5.3.5 合适的存储条件可以将磁带的退化降到最低。数字磁带的长期保存标准通常比模拟磁带的更为严格，因为数字磁带更加脆弱，而且即使受到相对较小的损坏或污染也容易发生数据丢失。高于标准值的温度或湿度会加剧化学性退化。温度和湿度的循环变化会造成磁带出现延展和收缩的现象，而且可能会损坏带基。灰尘或其他污染物可能会落到磁带表面，造成重放过程中数据丢失甚至物理性损坏。

5.5.3.6 在清洁和修复之后或在重制之前，建议先测量数字磁带的误码率。数据的组织和所用的误码校正类型根据磁带的格式而有所不

① 真空烘箱由于可降低烘箱内的空气压力，因此能更好地控制受潮物。

同。以数字音频磁带（DAT）为例，误码校正过程采用排列在交叉码系统中的两个里德—所罗门码（Reed-Solomon code），C2为水平而C1为垂直。不仅如此，每个数据块都被分配了一个值，称为奇偶校验字节。数据块奇偶校验错误称为循环冗余检验（CRC）错误，对数据块奇偶校验错误的计数有时也称块错误率。DAT的子码也会出现错误。错误测量应至少包括以下几个方面。

5.5.3.6.1　C2和C1错误。

5.5.3.6.2　CRC或块错误率。

5.5.3.6.3　突发错误（源于C1）。

5.5.3.6.4　子C1校正。

5.5.3.7　如果有任何错误测量显示样品包含错误、被篡改或出现没声的错误，那么应清洁磁带并检查走带路径。清洁和修复之后如果还有一个或更多的误码率超过阈值，请进一步参考5.6.3。

5.5.3.8　针对DAT或其他磁性载体的误差测量设备很少。然而，任何转录工作都应对放音机误码校正芯片所产生的误码进行测量，并将该信息记录在所得音频文件的元数据中。

5.5.4　重放设备

5.5.4.1　重放设备必须符合给定格式的所有特定参数。数字磁带的格式大多为专有格式，而且只有一到两家有合适设备的生产商。首选最新一代的设备，但对于老旧或过时的数字格式，除了购买二手设备外别无选择。

5.5.4.2　旋转磁头式数字音频磁带（R-DAT）由于具有高记录密度，因此除了记录音频外，还能开发其他用途。基于DAT技术的数字数据存储（DDS）格式是1989年由HP公司和索尼公司（Sony）共同开发，专用于计算机数据的存储。基础系统中数据完整性的稳步提升使从音频DAT磁带中获取信号的能力得到了发展。各种不同类型的软件都能根据磁带上的ID将音频提取为单独的文件。数据提取的专用软件还能为每一段节目生成元数据文件，包括时钟、起止ID位置、时长、文件大小、音频属性等。除此之外，DDS格式还能实现对音频素材进行双倍速捕获。

5.5.4.3　尽管如此，这些系统至今仍有一些重要问题未解决，例如格式不兼容（比如不同的长时间播放模式、高解析度录音、时间码提取等）、正规的数据完整性检查、预加重处理，特别是关于机械和循迹方面的所有问题，因此对这些问题要单独处理。

067

5.5.5　常见系统和特性——盒式磁带系统

5.5.5.1　R-DAT（通常称为DAT）是专为数字音频录音开发的唯一一个使用盒式磁带格式的常用系统。DAT磁带广泛用于现场录音、录音室录音、广播和存档。目前已无法获得新的DAT设备。二手专业级DAT录音机是一个解决办法，但随着零部件储备耗尽，设备维护存在问题。

5.5.5.2　某些最后一代的录音机能够支持高于正常值的规格参数，能实现以96 kHz/24 bit的采样量化规格（双倍速走带）进行高解析度记录，有些支持时间码（SMPTE）记录功能，也有些支持Super Bit Mapping功能，它采用一种心理声学原理和关键的频段分析，最大限度地提升16 bit数字音频的音质。使用自适应误码反馈滤波器，20 bit的录音得以量化为16 bit。短期掩蔽效应和等响度特性决定了输入信号的品质，而该滤波器可以据此对量化误差进行整形以达到最佳状态。通过该技术，16 bit的DAT录音可以获得20 bit声音的感知质量。只有当信号包含低于5～10 kHz的频率时，才能达到完整的质量。Super bit mapping不需要在重放时进行特殊解码。

表5　空白和已录DAT磁带不同录音、放音模式的参数

	录音/重放模式					预先录制的磁带（仅重放）	
	标准	标准	选择1	选择2	选择3	标准磁迹	宽磁迹
通道数量	2	2	2	2	4	2	2
采样率（kHz）	48	44.1	32	32	32	44.1	
量化位数	16（线性）	16（线性）	16（线性）	12（非线性）	12（非线性）	16（线性）	
线记录密度（KBPI）	61.0					61.0	61.1
面记录密度（$MBPI^2$）	114					114	76
传输速率（MBPS）	2.46	2.46	2.46	1.23	2.46	2.46	
子码容量（KBPS）	273.1	273.1	273.1	136.5	273.1	273.1	
调制方式	8－10调制方式						
纠错	双重里德—所罗门						
循迹方式	区域划分自动磁迹跟踪						
带盒尺寸（mm）	73×54×10.5						
记录时间＊（min）	120	120	120	240	120	120	80
磁带宽度（mm）	3.81						
磁带类型	金属粉带						氧化物带
带厚（μm）	13±1μ						
带速（mm/s）	8.15	8.15	8.15	4.075	8.15	8.15	12.225
磁迹宽（μm）	13.591					13.591	20.41（宽磁迹）
磁迹角	6°22’59”5						6°23’29”4
标准磁鼓	直径Ø30，磁带卷角90°						
磁鼓旋转速度（r.p.m.）	2000		1000	2000		2000	
相对速度（m/s）	3.133		1.567	3.129		3.133	3.129
磁头方位角	±20°						

068

5.5.5.3　Philips数字小型磁带（DCC）系统被作为消费级产品引入（但并不成功），从用DCC设备重放模拟盒式磁带的性能来看，它与模拟小型盒式磁带的兼容性有限。DCC 目前已过时。

表 6　数字音频盒式磁带

格式	变体	载体类型	音频和数据轨道	支持的数字音频标准	接口
DAT 或 R－DAT	时间码不在 R－DAT 标准中，但可能在子码中使用。有些预先录制的 DAT 用 ME 带	3.81mm 金属颗粒带的盒式磁带	立体声。子码包括标准化标记点，加专用用户信息数据	16 bit PCM @ 32 kHz、44.1kHz 和 48 kHz	专业级设备上为 AES－422。SP－DIF 标准
DCC		3.81mm CrO_2 带的盒式磁带	立体声，元数据标准支持最少的描述性数据	压缩的 PASC PCM（4：1 比特率压缩）	
基于录像带的格式——见表 8					

5.5.6　常见系统和特性——开盘格式

5.5.6.1　Sony 和三菱公司（Mitsubishi）都面向录音棚市场生产了数字开盘系统，Nagra 公司生产了 4 轨道外景录音系统——NAGRA－D。

5.5.6.2　Sony/Studer 的数字音频固定式磁头（DASH）系统针对磁带上数字磁迹通用格式有许多衍生格式。DASH－I 在¼英寸磁带上提供 8 条数字音轨，½英寸磁带上提供 24 条数字音轨。DASH－II 在¼英寸磁带上提供 16 条数字音轨，½英寸磁带上提供 48 条数字音轨。双 DASH 格式通常用于¼英寸立体声数字录音，为了提高系统的误码校正能力进而让磁带可拼接以便进行编辑，该格式对每个音频通道使用了双倍于正常数量的数据轨道。通过在多个数据轨道中的每个音频通道中共享数据，低速格式的录音速度翻倍，而可用的音轨数量减半。

5.5.6.3　Nagra仍然支持NAGRA-D Sony DASH，但三菱的Pro-Digi格式磁带机已停产。这些格式专门面向高端专业领域，因此支持这些格式的费用极其高昂。

表7　开盘带格式

格式	变体	载体类型	音频和数据轨道	支持的数字音频标准	接口
DASH	三种速度-F（快速）、M（中速）和S（慢速）	¼英寸或½英寸带	多至48条音轨，附加控制轨	32 kHz，44.1 kHz或48 kHz时16 bit	AES/EBUS-DIF-2MADI接口
	DASH-I（单倍密度）和DASH-II（双倍密度）				
	两种带宽Q（¼英寸）和H（⅕英寸）				
Mitsubishi Pro-Digi	立体声	¼英寸带		32 kHz，44.1 kHz或48 kHz 15 ips时为20 bit或16 bit（为编辑接头留有额外冗余） 7.5 ips时为16 bit（正常冗余）	AES/EBU或专属多通道接口
	16轨	½英寸带		32 kHz，44.1 kHz或48kHz 16 bit	
	32轨	1英寸带		32 kHz，44.1 kHz或48kHz 16 bit	
NAGRA-D		¼英寸金属带	4个音轨。扩展元数据包括TOC和内置错误记录	4轨24 bit 48 kHz 2轨24 bit 96 kHz	AES/EBU

5.5.7 常见系统和特性——基于录像带的格式

070

5.5.7.1 此类别中有两种不同类型：使用录像带在普通录像机的标准视频信号中记录数字音频编码的系统，以及仅借用录像带作为存储介质来存储专属数字音频信号格式的系统。

5.5.7.2 Sony 公司生产了一系列以录像机系统作为高带宽存储设备的格式。后来，Alesis 公司推出了 ADAT 系统，以 S－VHS 盒式录像带作为其数字音频专属格式的大容量存储介质，而 Tascam 公司推出了 DTRS 系统，以 Hi8 盒式录像带作为存储介质。

5.5.7.3 使用录像机的数字录音格式是基于内置模数转换器、数模转换器、音频控制器和电平表的接口设备以及所需的硬件将数字比特流编码为视频波形。Sony 公司的专业级系统指定使用 NTSC 制式（525/60）的黑白 U－Matic 录像机，并专为数字音频用途生产。半专业级 PCM－F1 的 501 和 701 系列在 Sony Betamax 录像机上效果最好，但一般也与 Beta 和 VHS 兼容。此系列的机器支持 PAL、NTSC 和 SECAM 标准。

5.5.7.4 重制基于录像机的录音需要符合正确标准的录像机，以及合适的专有接口。相关的系统通常具有向后兼容性，因此购买后一代的设备应该有助于重放最大范围的源素材。由于一些基于视频的 PCM 适配器只有一个模数转换器来处理两个立体声通道，因此两个通道之间有时间延迟。当磁带已经重放且音频数据已被提取时，应在数字领域中校正信号处理器的延迟。转录时只能用带有数字信号输出功能的设备。

5.5.7.5 早期的数字录音机有时采用现在不常用的采样率进行编码，如 44.056 kHz（见表 8）。建议用创建时的编码采样率存储所得的文件。应注意确保自动系统不会识别错实际的采样率（例如，44.056 kHz 的音频流可能被识别为 44.1 kHz，这会改变原始音频的音调和速度）。可以使用适当的采样率转换软件为用户创建常见采样率的文件。即便如此，仍应保留原始文件。

5.5.7.6 此外，面向家用录像机系统的第三方设备可以提供实用的扩展功能，包括更好的电平表显示，错误监测模块，以及专业级的输入输出端口。

5.5.7.7 基于录像机的系统已经过时，需要去二手市场才能获得设备。 071

表8 录像带上的数字音频——常见系统

格式	变体	载体类型	音频和数据轨道	支持的数字音频标准	接口
EIAJ Sony PCM－F1 PCM－501和PCM－701系统	视频信号可为PAL，NTSC或SECAM	家用录像机：一般为Betamax或VHS盒式带，少量使用½英寸开盘录像带	立体声音频	14 bit标准，Sony硬件允许16 bit采样（纠错少）NTSC系统中为44.056 kHz，PAL系统中为44.1 kHz	模拟线路输入和输出标准。第三方附件的数字输入/输出兼容性
Sony PCM1600 PCM1610 PCM1630		U－Matic：黑白，525/60（NTSC）	立体声音频，附加CD PQ码时间码记录在U－matic线性音轨上	16 bit 44.1 kHz	Sony专有系统。数字音频分别在左右通道上，兼有字时钟
DTRS (1991)		Hi8盒式录像带上的专有格式		16 bit 48 kHz 20 bit在一些系统上为可选	SP－DIF或AES/EBU
ADAT (1993)		S－VHS盒式带上的专有系统			SP－DIF或AES/EBU

5.5.8 重放优化

5.5.8.1 精确识别源素材的格式和详细特性对确保最好的重制效果至关重要，但由于很多格式外部物理特性相似而录音标准不同，使识别工作变得复杂。为了重制时获得最佳信号，应对机器进行清洁和定期校准。任何人为控制的参数，如去加重，都必须设置为与原始录音一致。对于基于录像机的格式，可能需要调整视频循迹来获得最佳信号，而且必须关掉对视频信号中任何失落的补偿。

5.5.9　录音设备组合错位引发问题的校正

5.5.9.1　录音设备组合错位会导致录音出现缺陷，而录音缺陷可能会有多种表现形式。虽然很多录音缺陷无法或很难纠正，但是有些可以被客观地检测到并进行补偿。在原始文件重放的过程中采取补偿措施是必要的，因为一旦信号被转移到另一个载体上，就不可能再进行这种纠正了。

5.5.9.2　调整磁性数字重放设备，与组合错位的录音相匹配，需要具备高水平的工程专业知识和高端的设备。旋转式磁头和走带路径之间的关系可以在大多数专业设备上进行调整，尤其是对于 DAT 录音，这可以显著改善对误码的校正或隐藏，甚至让明显无法播放的磁带可听。但是，这种调整需要有专门的设备，而且只有经过培训的人员才可以进行。完成转换后，应由经过培训的维修技术人员将设备调整回正确的设置。

5.5.10　与存放相关的人为噪声的去除

5.5.10.1　在大多数情况下，最好在进行数字转换之前，将与存储有关的人为噪声降到最低。如果可能的话，应定期重新卷绕数字磁带，并且在任何情况下，重放前都应重新卷绕。重新卷绕能降低机械张力，这种机械张力会损坏磁带的带基，或在重放过程中降低性能。未均匀卷绕的开盘数字磁带放置一段时间后可能会出现变形，特别是磁带边缘，而变形可能会导致重制错误。对于这种磁带，应慢慢倒带，以便减少倒带过程中的变形，并放置几个月，如此可能有助于减少重放错误。虽然盒式磁带系统可能会受到类似的影响，但此类设备通过降低卷绕速度来对磁带产生影响的能力并没有那么大。

5.5.10.2　磁场在一段时间内不会产生显著的衰减，因此不太会影响播放能力。相邻磁迹或层相互接近不会导致模拟磁带出现自擦除，但可能会在老旧的数字磁带上出现问题，当然这种情况不太可能发生，而且也并不是重要问题，因为所导致的任何错误都在系统允许的范围之内。最早的录像带在记录数字音频时，有些信号可能明显丢失。在这些情况下，磁性颗粒较低的矫顽力和因使用旋转磁头记录数字信息引起的磁带上明显的短波长，二者共同造就了发生这种情况的条件，至少理论上是如此。这可能让重放设备难以读取磁带上的信息。除了最早的录像带外，所有录像带都具有更高的矫顽力，加上具备更好纠错技术的系统，使得这个难题在很大程度上无关紧要。无论如何，注重对重放设备磁头和磁带的清洁，以及对走带路径的仔细校准，能最大限度地提高重放的可能性。

5.5.10.3　通过使用具有“法医”特性的技术，严重受损的磁带也可能被修复，因为这些技术依赖于众多科学和工程学科的高级技能（Ross and Gow，1999）。数字磁带藏品管理的目标应该是确保复制工作是在出现无法修正的错误之前就进行，因为修复故障数字磁带的可选方案非常有限。

5.5.11　时间因素

5.5.11.1　复制音频材料内容所需的时间差异很大，它高度取决于原始载体的性质和状态。

5.5.11.2　根据源副本的状况，准备时间会有所不同。设备设定时间取决于设备的细节和所用的格式。信号转换时间通常略长于每个片段的实际运转时间，而元数据管理和材料管理所花费的时间取决于所使用的存档系统的具体情况。除了上文中所提及的，大部分基于专用音频磁带的数字记录格式都不允许数据上载时间长于实际时间。然而，具备错误电平精确检测功能并在超出设

定电平时警告操作员的采集系统可以让多个系统同时运行。 073

5.6 光盘介质的重制

5.6.1 概述

5.6.1.1 批量复制的光盘介质自1982年推出以来，已经成为发行录音出版物的主要方式。最早在20世纪80年代末，开始有了可刻录的光盘格式，这种格式在音频出版物的发行和存储方面发挥越来越重要的作用。光盘最初以永久性为卖点销售，但现已经清楚其使用寿命是有限的，因此需要采取措施来复制和保存光盘的数据内容。特别是可刻录光盘介质，其不仅比不可刻录光盘更不可靠，而且更可能包含独特的材料。除非在特定条件下刻录和管理（见6.6），可刻录光盘介质对藏品资料会构成过大风险。本节涉及将CD和DVD光盘介质准确高效地复制到更能够长久保存的存储系统方面的内容。CD是Compact Disc的缩写，DVD最初是指数字视频光盘（Digital Video Disc），而后则指数字多功能光盘（Digital Versatile Disc），但现在说到DVD时，则没有特定的指代。

5.6.1.2 CD－DA格式的音频CD家族包括：大量制作的CD、CD－R、CD－RW，并且这些形式都具备16 bit数字分辨率、44.1 kHz采样率和780 nm波长激光读取激光的特征。DVD音频包括SACD和DVD－A。诸如.wav文件和BWF文件的数据格式，可以以文件的形式记录在CD－ROM和DVD－ROM上。DVD介质的特点是以350～450 nm波长的蓝色激光进行玻璃母盘制作，以635～650 nm波长的激光进行播放，DVD ＋ R（650 nm波长的激光）和DVD－R（635 nm波长的激光）均应用于多媒体整合发行。蓝光光盘（BD）与DVD和CD 12 cm光盘直径相同，且采用高清晰度视频和数据格式。使用405 nm波长的蓝色激光BD可以每层存储25 GB的数据。

5.6.1.3 可刻录性、可重写性、可擦除性和可访问性

5.6.1.3.1 CD和DVD（CD－A、DVD－A、CD－ROM和DVD－ROM）光盘是预先记录的（压制和模制的）只读光盘。它们既不可记录也不可擦除。

5.6.1.3.2 CD－R、DVD－R和DVD ＋ R光盘是染料型可刻录（一次写入）光盘，但不可擦除。

5.6.1.3.3 CD－RW、DVD－RW和DVD ＋ RW光盘是相变型可反复重写光盘，允许擦除早期数据，并将新数据刻录在光盘的相同位置上。

5.6.1.3.4 DVD－RAM光盘是相变型可重写光盘，经格式化可以随机访问，非常像计算机硬盘。

5.6.1.4 表9列出了市售的CD和DVD光盘类型。

074

表9 商用CD和DVD光盘类型

光盘	类型	存储容量	激光波长写入模式	激光波长读取模式	典型用途
CD－ROM，CD－A，CD－V	只读	650 MB	780 nm	780 nm	商用
CD－R（SS）	一次写入	650 MB	780 nm	780 nm	音乐录音，计算机数据，文件，应用程序
CD－R（SS）	一次写入	700 MB	780 nm	780 nm	
CD－RW（SS）	可重写	650 MB	780 nm	780 nm	计算机数据记录，文件，应用程序
CD－RW（SS）	可重写	700 MB	780 nm	780 nm	
DVD－ROM，DVD－A，DVD－V：SS/SL SS/DL DS/SL DS/DL	只读	4.7 GB 8.54 GB 9.4 GB 17.08 GB	650 nm	650 nm	电影，互动游戏，程序，应用程序

续表

光盘	类型	存储容量	激光波长写入模式	激光波长读取模式	典型用途
DVD－R（G）	一次写入	4.7 GB	650 nm	650 nm	一般用途：一次性录像和数据存档
DVD－R（A） SL DL	一次写入	3.95 GB 4.7 GB 8.5 GB	635 nm	650 nm	创作及专业用视频录制和编辑
DVD＋R SL DL	一次写入	4.7 GB 8.5 GB	650 nm	650 nm	一般用途：一次录像和数据归档
DVD－RW	可重写	4.7 GB	650 nm	650 nm	一般用途：录像和 PC 备份
DVD＋RW	可重写	4.7 GB	650 nm	650 nm	一般用途：视频录制和编辑，数据存储，PC 备份
DVD－RAM SS DS	可重写	2.6 GB 或 4.7 GB 5.2 GB 或 9.4 GB	650 nm	650 nm	可更新计算机数据的存储库，备份
HD－DVD－R SL DL	不可重复写入	15 GB 30 GB	405 nm	405 nm	数据和高清视频
HD－DVD－R W SL DL	可重写	15 GB 30 GB	405 nm	405 nm	数据和高清视频
BD－R SL DL	不可重复写入	25 GB 50 GB	405 nm	405 nm	数据和高清视频
BD－RE SL DL	可重写	25 GB 50 GB	405 nm	405 nm	数据和高清视频

075　注：SS ＝单面，SL ＝单层，DS ＝双面，DL ＝双层。

5.6.1.5　在最佳条件下，数字光盘可以产生记录信号未经修改的副本，但是在纯音频录音的情况下，重放过程中，任何未纠正的误差将被永久记录在新副本中，或者有时会不必要的插入进存档的数据，这两者都是不可取的。传输过程的优化将确保传输的数据与原始载体上的信息最为接近。一般原则是，应始终保留原件，使将来需要重新查考时可用，但因为两个简单的实际原因，任何转换都应从最佳源文件中提取最优信号。首先，原始载体可能会恶化，日后的重放可能无法达到相同的质量或根本无法重放；其次，信号提取是极为费时的工作，从经费角度考虑，则要求第一次尝试时就达到最优。

5.6.2　标准

5.6.2.1　CD标准：CD的标准最初由飞利浦公司和索尼公司制定。这些标准都以一种颜色命名，第一个是红皮书标准，飞利浦—索尼红皮书CD数字音频，包括CD图形，CD（扩展）图形，CD－TEXT，CD－MIDI，CD Single（8cm），CD Maxi－single（12cm）和CDV Single（12 cm）。黄皮书标准将CD指定为数据文件载体，绿皮书标准描述了CD－I或交互式数据，蓝皮书标准描述了增强（多媒体）CD，白皮书标准详述了CD－V（视频）的特征，橙皮书标准是可刻录和可重写CD的标准（在第6章中有更详细的描述），而彩书标准虽受到一定限制，但可以从Philips公司的网址http：//www.licensing.philips.com处订购。它们主要面向制造商。描述CD的ISO标准可以从国际标准化组织（ISO）中央秘书处网址http：//www.iso.org中购买。此外，相关标准还有IEC 908：1987CD数字音频系统（CD－DA）（注意，IEC 908：1987和飞利浦—索尼红皮书基本上等同）和ISO 9660：1988卷和文件结构（CD－ROM）（ECMA－119）以及ISO／IEC 10149：1995 120毫米只读光学数据光盘（CD－ROM）（ECMA－130）。

5.6.2.2　DVD标准：DVD有广泛适用的ISO标准，但是与CD类似，这些标准也有专有版本。这些标准以字母表示：DVD－ROM（基本数据标准）在 A 卷中规定，DVD 视频在 B 卷中描述，C 卷为 DVD 音频，D 卷为 DVD - R 和 DVD - RW。这些 ISO 标准可从国际标准化组织中央秘书处网址 http：//www. iso. org 中购买。相关标准还有 ISO 7779：1999 / Amd 1：2003CD / DVD - ROM 驱动器噪声测量规范，ISO / IEC 16448：2002 信息技术 - 120 mm DVD - 只读光盘，以及 ISO / IEC 16449：2002 信息技术 - 80 mm DVD - 只读光盘。

5. 6. 3　最佳副本的选择

5. 6. 3. 1　模拟录音复制的结果不可避免会有质量损失，因为在一代一代复制的过程中会造成信息丢失，而与复制模拟录音不同的是，数字记录不同复制过程的结果范围从因重新采样或标准转换引起的降级副本，到甚至可称为比原件更好的（由于纠错）完全相同的“克隆”副本。在选择最佳源副本时，必须考虑音频标准，如采样率、量化精度以及其他规范，包括任何嵌入的元数据。另外，存储副本的数据质量可能随着时间的推移而降低，因此可能需要通过客观测量来确认。如果在收集中只有一个质量不好的副本，联系其他声音档案可能比较明智，以确定是否有可能找到一个保存更好的相同项目的副本。

5. 6. 3. 2　作为一般规则，应该选择一个能成功重放而不出错，或者尽可能少出错的源副本。批量复制光盘比可刻录介质更稳定，如果有可用的选择，其通常是首选。物理状况可以表明质量，但是选择无误差光盘的唯一方法是在转换过程中进行例行的误差检查和报告。即使有误差检查和报告，提取最佳信号也可能出问题，因为驱动器缺乏标准，这意味着不同的播放器对同一张光盘可能产生不同的结果（见 8. 1. 5）。与所有数字到数字的转换一样，必须制作误差状态报告，连同所使用的驱动器信息一同纳入数字存档文件的管理元数据中。

5.6.4　播放兼容性

5.6.4.1　由于编码的方式和标准很多，使得选择正确的重放设备成为必要。例如，家用独立 CD 播放机很可能只能播放 CD－Audio 及其变体，而计算机中的 CD－ROM 驱动器则可播放所有格式，不过需要相应的软件与之适配。尽管许多 DVD 驱动器可兼容播放 CD，但 DVD 不能在 CD 驱动器或 CD 播放机中播放。

5.6.4.2　表 10～表 12 列出了某些驱动器与其适用介质之间的兼容性。

表 10　读写兼容性光盘

盘式	CD－ROM 驱动器		CD－RW 或 CD－R/RW 驱动器		CD－R 驱动器	
	可读	可写	可读	可写	可读	可写
CD－ROM	兼容	不兼容	兼容	不兼容	兼容	不兼容
CD－R	兼容	不兼容	兼容	兼容	兼容	兼容
CD－RW	兼容	不兼容	兼容	兼容	兼容	不兼容

表 11　DVD（写入模式）的兼容性

盘式	家庭 DVD 播放机只播放	DVD－ROM 驱动器只播放（电脑）	DVD－R（G）通用驱动器记录－R	DVD－R（A）专业驱动器记录－R	DVD－RW 通用驱动器记录－RW，－R	DVD＋RW/＋R 驱动器记录＋RW，＋R	DVD－RAM 驱动器记录 RAM
DVD－ROM	不兼容	不兼容	不兼容	不兼容	不兼容	不兼容	不兼容
DVD－R（A）	不兼容	不兼容	不兼容	兼容	不兼容	不兼容	不兼容
DVD－R（G）	不兼容	不兼容	兼容	不兼容	兼容	不兼容	不兼容
DVD－RW	不兼容	不兼容	不兼容	不兼容	兼容	不兼容	不兼容
DVD＋RW	不兼容	不兼容	不兼容	不兼容	不兼容	兼容	不兼容
DVD＋R	不兼容	不兼容	不兼容	不兼容	不兼容	兼容	不兼容
DVD－RAM	不兼容	不兼容	不兼容	不兼容	不兼容	不兼容	兼容
CD－ROM	不兼容	不兼容	不兼容	不兼容	不兼容	不兼容	不兼容
CD－R	不兼容	不兼容	兼容	不兼容	兼容	兼容	不兼容
CD－RW	不兼容	不兼容	不兼容	不兼容	兼容	兼容	不兼容

表 12　DVD（读取模式）的兼容性

盘式	家庭DVD播放机只播放	DVD－ROM驱动器只播放（电脑）	DVD－R（G）通用驱动器记录－R	DVD－R（A）专业驱动器记录－R	DVD－RW通用驱动器记录－RW，－R	DVD＋RW/＋R驱动器记录＋RW，＋R	DVD－RAM驱动器记录RAM
DVD－ROM	一般不兼容	兼容	兼容	兼容	兼容	兼容	兼容
DVD－R（A）	多数情况兼容	通常兼容	兼容	兼容	兼容	兼容	兼容
DVD－R（G）	多数情况兼容	通常兼容	兼容	兼容	兼容	兼容	兼容
DVD－RW	部分兼容	通常兼容	不兼容	兼容	兼容	通常兼容	通常兼容
DVD＋RW	部分兼容	通常兼容	通常兼容	通常兼容	通常兼容	兼容	通常兼容
DVD＋R	部分兼容	通常兼容	通常兼容	通常兼容	通常兼容	兼容	通常兼容
DVD－RAM	很少兼容	很少兼容	不兼容	不兼容	不兼容	不兼容	兼容
CD－ROM	具体情况具体分析	兼容	兼容	不兼容	兼容	兼容	通常兼容
CD－R	通常兼容	兼容	兼容	不兼容	兼容	兼容	通常兼容
CD－RW	通常兼容	兼容	兼容	不兼容	兼容	兼容	通常兼容
DVDAudio DVDVideo	如果计算机安装了DVD音频或DVD视频软件，则所有DVD驱动器都应播放DVD音频或DVD视频。DVD－RAM驱动器则不一定						

5.6.5　清洁与载体修复

5.6.5.1　如果处理得当，CD或DVD不需要日常清洁，但在重放或准备存储之前，应清除表面的所有污染物。清洁时避免损坏光盘表面是非常重要的。颗粒污染物（如灰尘）在清洁时可能会划伤光盘表面，使用苛性溶剂可能会使聚碳酸酯基材变乌或影响其透明度。

5.6.5.2　应使用空气喷嘴或压缩的洁净空气吹除灰尘，对于较严重的污染，可用蒸馏水或水基镜头清洁溶液冲洗光盘。由于许多CD－R标签上的染料是水溶性的，因此应该小心。最后，请使用柔软的棉布或麂皮布擦拭光盘。千万不要将光盘沿着圆周擦拭，只能径向从光盘的中心向外部擦拭，这样可以免于同心刮伤损坏长段连续数据的风险。应避免在光盘上使用清洁纸或腐蚀性清洁剂。对于严重污染，如果需要的话，可以使用异丙醇。

5.6.5.3 最好不要对档案光盘进行修理或抛光，因为这些过程会不可逆地改变光盘本身。然而，如果光盘表面（读取面）存在产生严重误差的划痕，为了转录，则允许对光盘进行修复，使其恢复可播放状态。这些修复可能包括使用湿式抛光系统，前提是在应用于重要的载体之前，已经对这些修复系统的效果进行了仔细的测试。测试应该用一次性光盘，进行修复操作并重新测试以确定修复的效果（更多详情请参考 ISO 18925：2002，AES 28－1997 或 ANSI／NAPM IT9.21 和 ISO 18927：2002／AES 38－2000）。虽然一些初步测试表明湿法抛光具有尚可接受的结果，但由于去除了表面材料，所以声音档案工作者不愿意采取这种方法。而且湿法抛光只对小划痕有效；故意用刮刀或剪刀刮出深痕的盘片不会因湿法抛光而恢复可播性。标签面上的损坏将不会从所述的任何修理措施中受益。

5.6.5.4 在清洁及/或维修之前和之后以及在重制之前，建议至少先测量 CD 或 DVD 的误码率。

5.6.5.4.1 帧突发误差（FBE）或突发误差长度（BERL）。

5.6.5.4.2 误块率（BLER）。

5.6.5.4.3 可纠正误差（E11，E12，E21，E22，插补前误差）。

5.6.5.4.4 不可纠正误差（E32）。

最好还测量：

5.6.5.4.5 径向噪声和循迹误差信号（RN）。

5.6.5.4.6 高频信号（HF）。

5.6.5.4.7 信号丢失（DO）。

5.6.5.4.8　聚焦误差（PLAN）。

5.6.5.5　CD 和 DVD 有各种各样的误差测量设备，具有不同的复杂性、精确性和成本。然而，可靠的测试仪是数字光盘藏品的必要设备，用于确定是否超过了临界误差阈值（见 8.1.5 及 8.1.11）。如果在清洁和修复之后有一个或多个误码率超过这些阈值，请参考 5.6.3。

5.6.6　重放设备

5.6.6.1　有两种完全不同的方法来复制音频 CD 和 DVD：使用格式专用复制设备的传统复制和使用通用 CD - ROM 或 DVD - ROM 驱动器的数字音频抓取（DAE），俗称“撷取”或“抓取”。数据采集或“撷取”方法的主要优点是速度更快，因为传统的复制需要实时传输，而在使用高速驱动器情况下，数据采集或“撷取”可以很容易地将音频数据传输时间压缩到实际音频运行时间的十分之一以下。

5.6.6.2　数字音频抓取：数字音频抓取（DAE）的主要缺点是在误差处理上。最简易的“撷取”软件没有任何纠错功能。稍微复杂一点的系统尝试了误差管理，但没有完全实现精确转换所需的错误检测、纠错和错误隐藏功能，而特定格式的设备则内置了这样的功能。高端专业系统承诺的错误处理功能与特定格式的方法相同，然而几乎没有哪个系统不折不扣地实现了该功能。

5.6.6.3　由于较高的复制速度可以大幅提高音频存入目标保存系统的效率，我们推荐选择比实时转录速度快的复制速度。如果 DAE 系统能够实现自动化，这就在节省人力方面更有优势，并可以将节省下来的人力资源投入音频的模数转换这种更加劳动密集型的工作中。事实上，越好的系统，数据不一致的风险就越低，尤其是这种数据不一致既可能影响元数据，又可能会影响到内容本身。

5.6.6.4 数字音频数据的复制应该总是配备准确的错误检测和识别系统，这样就可以精确地描述和识别 CD 特定错误的种类和数量，并同时将这些信息纳入该音频文件特定的元数据中。这对于采用自动的、快于实时的方法获取音频数据更加重要。

5.6.6.5 音频 CD 的复制是一个独特的过程，转录过程是否成功取决于稍许主观的决策。与音频数据文件传输不同，这种决策只能通过考虑误差控制来进行。数据格式，如 .wav 或 BWF，可以逐个比特地、客观地检查新旧文件之间的区别。CD 音频不是数字文件，而是音频数据的编码流，在管理音频完整性方面二者有很大区别。

5.6.6.6 提供错误检测和识别功能，包含在快于音频重放实时速度模式（最高可达 12 倍速）的误差控制的系统中，它可以在市场上购买到，而且这种系统通常专门针对存档市场。

5.6.6.7 使用 DAE 存档的最低要求是，对于任何数字音频错误，DAE 系统必须具有检测和报警功能。

5.6.6.8 格式明确的重放方法：CD－A 格式中编码的 CD 必须采用独立的 CD 播放器。所需的重放设备是具备数字输出功能的 CD 播放器，可以通过有数字输入功能的声卡来接收数字音频流。数字音频流的首选接口标准是 AES/EBU。使用 SPDIF 接口可以实现相同的效果，但线缆必须短。AES/EBU 和 SPDIF 之间的任何转换都需要适应这两个标准之间的差异，尤其在使用带有重点标记和版权标记的不同状态的音频数据时（Rumsey and Watkinson，1993）。这种实时回放方法的缺点是非常耗时，而且在记录的元数据中没有任何纠错记录。

5.6.6.9 用于接收 CD 音频的声卡必须支持 16 bit/44.1 kHz 的采样量化规格的两声道数字输入。重放设备应具有商业级品质。注意确保播放设备无振动加载的稳定性，这能尽可能确保重放的可靠性。

5.6.6.10 CD 播放器必须处于良好的重放状态。特别是必须有最优的激光功率，激光透镜需要经常清洗。诸如磁盘调谐器之类的设备对 CD 的任何重放都毫无用处。建议不要使用保护箔（所谓的 CD 挡片/DVD 挡片），因为它们可能会从光盘上脱落而损坏驱动器。

5.6.7 音频 DVD（DVD－A）的相关问题

5.6.7.1 音频 DVD 在 24bit/96kHz 标准中提供 6 个音频通道，在 24 bit / 192 kHz 提供 2 个音频通道。但是大多数 DVD 播放器的数字输出被限制在 16 bit/48 kHz，以此为盗版控制措施。根据音频和音乐数据传输协议（A&M 协议），DVD forum 选择了 IEEE 1394（火线）作为 DVD 音频的首选数字接口（http://www.dvdforum.com/images/guideline1394V09R0_20011009c.pdf）。

5.6.7.2 解码压缩格式，如 MLP，可以由播放器或在后期处理阶段完成。光盘可能包含替代版本或附加内容，这些内容可能会将环境信号混合到立体声、替代的音轨、附带的视频等中，这就需要有一个政策决定是否所有这些版本都要收集，如果不需全部的话，要决定哪一个版本用于存档。还有一点需要档案工作人员重视起来，那就是有些混合格式光盘，如数据格式符合蓝皮书标准的高级 CD，这些光盘可能含有其他数据。额外的图形或文本数据可能是音频文件的关键信息，因此，对音频内容的收集和保存十分必要。

5.6.8 超级音频光盘（SACD）的相关问题

5.6.8.1 SACD 是基于直接数字流（DSD）编码的格式，采用 1bit 采样技术，以 2.8 MHz 作为采样频率，与线性 PCM 不直接兼容。本指南写作时，将这种类型的信号载入数字音频存储系统的选择方案是有限的，因为大多数 SACD 播放器既不提供 SACD 的比特流输出，也不提供来自比特流的高质量的 PCM 信号。Sony 公司利用火线传输协议设计了专有的 I-Link 接口，还有一些第三方制造商已经在销售可以处理 SACD 原始格式的专有接口，但是这种格式并不是被广泛接受的数字接口标准。有迹象表明，尽管有人许诺制定一个可以使用 IEEE 1394 火线接口传输 SACD 的开放标准协议，但这个许诺可能永远不会兑现。

5.6.8.2　为制作 SACD 母盘而开发的工作站具有输入、输出和处理 DSD 信号的能力（http：//www.merging.com）。应该指出的是，即使是基础处理，如 DSD 或 SACD 流的增益调节等，也需要完全不同的计算方法，因此，由于 PCM 具有不同算法，除非将信号转换为 PCM，否则对编码为这些格式的音频进行修复和重复使用将会受限。

5.6.9　时间因素

5.6.9.1　用传统的重放方式从光盘实时接收音频数据所需的时间是原音频时长的两倍。DAE 方法可以将所耗时间约减少为原来的1/10，而自动的换盘系统可以在几个小时内装载 60 盘或更多的 CD，而且在加载之初不用消耗人力。必须预留更多的时间选择最佳副本，出现不可接受的错误时进行重新复制，添加附件和数据管理。

5.6.10　迷你光盘（MD）

5.6.10.1　最初的迷你光盘有两种格式：一种是作为普通光盘的替代品，按照光盘的原理工作；另一种是作为可（重复）刻录的，实际上可重写的盘片，是一种磁光混合记录介质（见 8.2）。以上两种格式都可以用相同的播放器读取。光盘直径为 2.5 英寸（64 mm），装在一个匣内。迷你光盘录音采用 ATRAC，即一种基于感知编码的数据简化算法。数据压缩格式技术虽然快速发展（至少在 ATRAC 的后期版本中），但是它不仅会丢失数据并且不可找回（未经数据简化的格式则可捕获这些数据），甚至在频谱和时间方面也会形成假象。这类假象可能导致在频谱读取时产生误读，包括与时间相关的内容，特别是在使用光谱工具分析信号的时候。在信息后处理阶段，数据简化编解码器的人为数据不能重新计算或补偿，因为它们依赖于原始信号的电平、动态和频谱。ATRAC是一种专有格式，有许多版本和变体，为了存档，建议将得到的带有数据压缩的文件重新编码为 .wav 文件。

081

5.6.10.2 许多迷你光盘播放器都有数字输出，这将会产生“伪线性”数据流。生成文件应符合第二章关键数字原则中列出的规范，并按照该部分要求存储数据。关于信号来源的元数据是必要的，因为伪线性信号无法与未经数据简化的信号区分开。这些信息将记录在 BWF 文件的编码历史记录中，或者按照 PREMIS 的建议提供变更历史记录（见第 3 章）。

5.6.10.3 2004 年，Hi - MD 已经在市场上销售，其硬件发生了改变，用新介质实现了可以记录多达 1GB 的音频数据。有了 Hi - MD，便可以记录数小时的经数据简化的信号，但更重要的是，它还能记录线性 PCM 信号。为了达到存档目的，这些数据应该被视为 CD 信号作同样处理，并作为数据流传输到合适的文件存储系统中。以高传输速率直接从 Hli - MD 提取音频数据需要特定的专业软件，其中一些可以从制造商的网站上获得。鉴于制造商不可能一直提供技术支持，因此建议立即购买专用的重放设备和软件。

082 5.6.10.4 不推荐使用迷你光盘作为原始录制设备（见 5.7）。

5.7 外景录音技术和归档方法

5.7.1 概述

5.7.1.1 许多收藏是通过外景录音项目创建的，而不是或不仅仅是将历史记录进行采集并保存转换到稳定的数字存储格式和系统中的。现场录音可用于口述历史藏品、传统和其他文化表演节目、环境和野生动物录音的创作，或作为广播收藏职责的一部分。无论是什么主题，只要这些录音将在档案收藏中长期保存，那么最好在准备录音时就对归档相关的事宜做出决定。事实上，如果格式和技术不适宜，有可能严重限制最终音频的使用寿命和可用性。

5.7.1.2 外景录音可以在各种地点和情况下进行，并且这种记录的主题可以是从人、技术、植物或动物到环境本身的。任何发声的东西，录音的时候，可以拾取音响背景，也就是在音响环境中记录期望的声音，也可以从音响背景中隔离出来，应用录音技术使录音环境的影响最小化。在大城市的休息椅，偏僻的平房走廊上，或者既没有技术也没有社团支持的地方都可以进行录音制作。如上所述，录音的情况千差万别，因此本章并不试图讨论外景录音技术的相关具体学科细节，而是回答一个简单的问题："如何更好地创建一份可以长期存档的外景录音?"

5.7.1.3 某种程度上本节的内容介于前面有关信号提取的章节以及后面有关数字存储技术的章节之间。由于本节还阐述了随后各章中录入数字存储系统的数字音频内容的创建，因此编排于此。

5.7.2 现场录音标准

5.7.2.1 适用于存档转录的那些录音技术标准同样适用于外景录音。即这些录音应该以广泛使用的标准线性音频文件格式，通常是 .wav 或 BWF. wav 格式来拾取和存储；录音应采用适当的采样率，至少是 48 kHz，但根据目的不同也可能高达 96 kHz，在某些情况下可能达到 192 kHz 或更高。建议录制采用 24 bit 记录。较低的速率将不能反映表演和环境的动态范围，并且很可能导致信号电平低，质量非常差。

5.7.2.2 无论录制分辨率如何，建议在本地即录制为标准格式。这允许直接传输到档案存储而不改变格式并简化归档过程。使用 BWF 有助于收集数字档案信息生命周期所必需的关键元数据。

5.7.2.3　使用简化的数据（俗称“压缩”）记录格式，如 MP3 或 ATRAC 编码将产生不符合档案标准的记录。尽管数据简化格式高度发展，但简化的数据不仅遗漏了通过非数据简化格式能拾取的数据，还会在频谱方面和时间方面形成假象。特别是在通过频谱工具分析信号时，这样的伪影可能会导致频谱分量以及时间相关分量的误读。而数据简化编解码器的工件依赖于原始解码器信号的电平、动态和频谱，所以在后处理阶段不会对数据简化编码的假象进行重新计算或补偿。为了归档，建议将压缩的记录格式的结果文件重新编码为 .wav 文件（迷你盘以及使用有损编解码器的早期技术也是这种情况，见 5.6.10）。尽管不能找回缺失的数据，但确实减少了对编解码器的进一步依赖。

083

5.7.3　录音设备的选择

5.7.3.1　决定使用何种录音设备取决于许多方面。然而，所有现场录音情况都有一些共同的技术问题，这些问题可分为三类：档案兼容性、音频质量和可靠性。

5.7.3.2　档案兼容性

5.7.3.2.1　数字域中记录格式的选择对档案寿命有着长期的、不可逆转的影响。有损压缩格式可能减少某些特定用途。出于这个原因，记录设备应根据其记录格式的档案兼容性来选择。目前的技术提供了使用硬盘和固态记录器直接记录到基于文件格式的可能性。这种设备通常提供几种线性和数据简化记录格式的选择。建议选择 .wav 或 BWF.wav 格式。应避免使用原始格式或专有格式，因为这些格式必须通过专有软件转成 .wav 或 BWF.wav 格式，将来才能长期存档。根据归档建议，不应使用简化数据记录格式。

5.7.3.2.2　专用便携式记录器也可以用一台配备适当设备的笔

记本电脑替代。随着高品质话筒前置放大器和模数转换器（见2.4）的使用，声音可以通过随处都可以买到的录音软件直接录制到笔记本电脑上。关于文件格式的建议也同样适用于笔记本电脑，即通常最好直接以存储格式进行记录。（这种解决方案很实用，但功耗很高，而笔记本电脑本身还会产生噪音，加之笔记本电脑本身很惹眼，因此其仅适用于某些情况。）

5.7.3.2.3　笔记本电脑和许多便携式记录设备可以配置为同步记录到外部硬盘。5.7.5.1 概述了这一附加的安全策略。

5.7.3.3　音频质量

5.7.3.3.1　应根据第2章中的归档建议选择音频质量。对高质量录音的要求适用于所有类型的内容。与普遍的看法相反，讲话的录音需要与音乐录音拥有相同的高分辨率，实际上，言语的动态对录音技术提出了比许多形式的音乐更多的要求。另外，如果需要详细的信号分析（例如共振峰/瞬态辅音分析等），则需要更高的录音质量。

5.7.3.4　麦克风

5.7.3.4.1　以下关于麦克风的讨论仅限于与创建归档录音有关的问题。关于麦克风还有很多问题值得讨论，因为麦克风实质上是整个过程中最有创造性和可操控的部分，任何外景录音师都应该熟悉麦克风的使用。

084

5.7.3.4.2　在大多数录音情况下，建议使用与录音机分开的外置麦克风。这可以最大限度地减少内置麦克风拾取系统固有的噪音，并避免产生操作录音机产生的噪音。麦克风的质量应该足以满足录音任务的需要以及录音设备的规格，尤其是信噪比（SNR）。为了拾取全部动态范围，应使用 24 bit 录音，并使用具有适当前置放大器的高质量外部麦克风，大多数质量较差的记录设备和麦克风在这一关键环节上都无法达到要求。

5.7.3.4.3　在某些记录情况下，与事件有关的位置特征也是非常重要的。为了拾取这样的信息，需要一对以标准阵列部署的外部麦克风（见 5.7.4.3）。标准化的麦克风阵列将提供易于接受的立体声特性，而由许多设备提供的内部固定麦克风通常不匹配任何标准化的麦克风阵列，并且不可操控。电容式麦克风是最灵敏的，通常是获得最佳录音效果的不二之选。电容式麦克风通常需要由专业录音设备提供幻象电源（理想情况下可切换），但也可以由外部电池或市供电提供。电容式麦克风在恶劣条件下容易损坏，因此在某些情况下应权衡利弊，选用更可靠的麦克风，如动圈式麦克风。电容式麦克风相当昂贵，如果选用具有持久充电器的高质量驻极体—电容器麦克风，就能够实现在小电池上长时间操作，从而达到更好的效果。户外录音，尤其使用电容式或驻极体电容式麦克风，需要高品质挡风板。不恰当或临时的防风罩可能会损害记录特性并改变麦克风的极性模式，从而使得录音出现难以预测的问题。用户在选择和使用挡风板时应该注意这个问题。

5.7.3.5 可靠性

5.7.3.5.1 不可靠的设备有可能丢失已经记录的资料，甚至在需要录音时出现故障。为了尽量减少出现故障的风险，应该选择可靠的录音设备。低成本的消费级设备在许多情况下不耐用，容易受到损害，没有经过广泛测试就不应该在现场使用。更强大的专业设备还需提供更可靠的电路和接口，如平衡麦克风输入，并允许长电缆运行和更可靠的专业连接器。尽管低成本设备更容易受到损坏和发生故障，但成本只是可靠性的一个指标，所有现场设备在使用之前都应该进行广泛的测试。

5.7.3.6 测试与维护

5.7.3.6.1 无论成本或质量如何，所有记录设备应定期进行测试和维护，以确保其功能特别是在现场条件下的准确和可靠。记录系统的完整性应该进行测试，尤其是设备在非正常条件下掉落或运输之后。应定期测量麦克风的频率响应，以确保其正常运行。防尘和防潮对保持设备处于良好的工作状态至关重要。定期检查和清洁设备（包括连接器和其他表面）对于维护可靠的记录设备至关重要。设备应能适应不断变化的环境条件，尤其是从凉爽的干燥环境，如飞机的货舱，移到潮湿的高温环境。所有的测试结果都应该保留下来，形成一份连续完整的现场设备维护情况报告，以便及时预判需要更换的组件。

5.7.3.7 现场录音设备的其他方面

5.7.3.7.1 虽然技术规格和特性有助于确定记录设备的质量和可靠性，根据设想的记录情况，其他实际问题也会影响设备的选择。重要特性包括：电池供电支持足够的记录时间；稳固清晰的设计；易操作；一个小而轻，但稳定的设备。在黑暗中录制时照明控制必不可少，但会导致更高的电池消耗。应该确定录制情况是否可以使用可更换介质（如闪存卡或SD卡）设备或备份硬盘，以实现合适的安全策略（见5.7.5）。理想情况下，该设备应该允许快速和简单的数据传输和复制，并且具有不显眼的设计（后者减少了对记录节目的视觉影响，并且还可以将盗窃风险降至最低）。

5.7.4 记录方式

5.7.4.1 录音的目的及其特定的规则将决定录音方法、麦克风技术等许多情况。然而，在制作录音时还有一些需要共同关注的问题。

5.7.4.2 现场录音通常记录一个特定的情况，在这种情况下，应该重视所记录行为的原始动态。音频输入均衡应该根据需要的信号，而不是根据一般的背景噪声来调整，在记录过程中连续调节电平要非常谨慎。不建议使用自动增益控制功能，因为这些功能提高了低电平部分（从而引起噪声），减少了所需的信号动态，从而改变了原始动态。同样，录音中使用的限幅器应谨慎使用。当拾取的意外高电平信号，不是录音电平触发，对大部分的录音不造成影响时，调节好的限幅器将会挽救录音。另外，如果限幅器调节不好，可能从记录设备仪表上看电平是完美的，但此时输入信号，已经使麦克风本身过载。只要有可能，手动调节电平就是首选，而且任何限幅器只有在达到最佳水平，不会影响正常信号时才能接通。

5.7.4.3 当在嘈杂环境中进行录制时，标准立体声麦克风阵列就会凸显其优点。涉及的方法有许多，但这里简要讨论的方法包括：法国广播电视局（Office de Radiodiffusion Télévision Française，ORTF）等的近似重合制式、XY 制式、AB 制式和 MS 制式（中央—侧面）话筒摆放方式。

5.7.4.4 如果纪实录音的分析评估性能是重要的要求，那么 ORTF 就非常有效。在这种技术中，麦克风振膜以 110°的角度相隔 17 厘米分开放置。ORTF 录音通过耳机进行分析后，增强了耳朵和大脑在嘈杂的环境中追踪有用信号的能力，即所谓的“鸡尾酒会效应”。与头部相关的双耳麦克风阵列提供了额外的信息，从而有助于在噪声声场中识别想要的信号。而且，由于界定了 ORTF 的规范，麦克风的设置可以更容易地以标准方式恢复。

5.7.4.5 标准 XY 十字交叉对的布置应使麦克风话筒尽可能靠近，但彼此朝向至少成 90°。这种技术可以记录信号信息的强度，但是没有考虑到相位差。这种技术产生的录音能够很好地再现发言者的声音，但是没有其他技术那么多的分离信息。AB 平行对使用两个平行间隔 50 厘米左右的全向麦克风。这种技术在非常好的声音环境中受到青睐，但在很嘈杂的环境中效果很差。当加到单声道时可能发生相位消除问题。

5.7.4.6 MS 技术将一个双向麦克风（8 字形）放置在与声源成直角的位

置，一个心形麦克风（或某个全向麦克风）指向声源。然后可以操控两个记录的信号以产生单声道兼容立体声记录（M + S，M - S）。如果记录为 MS 信息，则信号也可以在事后进行操控，从而实现对麦克风表观覆盖范围的某种控制。

5.7.4.7 在某些情况下，对录音之前事件的确切情况并不了解，这时可以利用可移动定向麦克风、多麦克风技术和多轨录音。采访中可能会使用两个指向参与者的麦克风，提供合格的录音。夹式麦克风在许多情况下不太有用，因为它们会从人体运动、呼吸、衣服和珠宝中拾取不必要的噪声，并且几乎不记录有关环境的信息，这往往是现场录音不可或缺的一部分。

5.7.4.8 麦克风技术有助于提高录制内容的质量，这些非常简短的介绍只是一个指南。建议所有准备在现场进行录音的人员在进行重要录音之前，应熟悉良好的麦克风技术所提供的可能性。

5.7.5 现场内容的传输和备份

5.7.5.1 现场录音在现场非常容易损坏，除非制作备份副本，否则有可能丢失。在录音时或在录音结束后应尽快制作现场录音的第二个副本。不同的工作流程和情况会导致不同的方法策略，但一般而言，所选择的工作流程应提供最佳安全策略。

5.7.5.2 硬盘和固态记录器在硬盘或可更换介质上提供基于文件的记录技术。在所需文件传输到另一个存储环境后，通常会从这些介质中删除记录。这显然是使用新技术的一个风险领域，必须认真管理，以确保所需材料不会丢失。记录媒体应尽可能被视为原始媒体。只有在验证了正确的数据传输到档案系统后才应该擦除。在实地考察需要管理大量无法立即存档的数据的情况下，应该在现场制作并存储副本。对于闪存卡或 SD 记录器，购置附加存储卡会非常有用，它可以存储记录直到记录的内容被传送到更稳定的存储系统中。对于硬盘或笔记本电脑记录设备，可以使用便携式

087 硬盘存储设备制作备份副本，直到数据传输成功。

5.7.5.3 实际上，有些设备提供并行使用内部硬盘和存储卡，或允许并行录制到硬盘上。这是一个优势，因为它能够在可能的情况下自动制作安全副本作为录制过程的一部分。或者可以使用外部硬盘、便携式电脑或至少是 CD / DVD 驱动器在现场手动制作安全副本。

5.7.5.4 某些设备在插入新存储介质时会自动创建文件名（自动编号从每个新介质上的相同文件名开始），因此必须仔细管理复制过程以确保不同载体的相同文件可以正确匹配相应的元数据/字段说明等。在最糟糕的情况下，这可能会导致意外删除相同名称的文件，因此一个精细的框架结构和命名策略非常必要。建议在复制后重命名文件，前提是原始文件不得以其他方式更改或操作。

5.7.6 元数据和集合描述

5.7.6.1 如果没有描述现场录音的元数据，其内容和相关权限将严重削弱记录的价值。元数据（包括保存元数据）的缺乏不仅会影响到存储库，而且会影响后续的档案管理和档案信息的传播。这个数据是如此重要，以至于它的缺乏可能导致档案管理者拒绝接收这些内容。还有取得现场录音必要的关键技术和保存信息，在录音时就应该记录并包含在档案记录中的现场记录内。这些包括以下几个方面。

5.7.6.1.1 记录设备：品牌，型号，在记录过程中动态调整的描述，记录水平，记录格式，编码（不建议，但如果情况需要使用，必须记录）。

5.7.6.1.2 麦克风：麦克风类型/极性图案，麦克风阵列信息，距离，特殊方法（如夹式麦克风、分析式多麦克风技术等）。

5.7.6.1.3 使用挡风玻璃等附加设备说明房间状况等。

5.7.6.1.4 载体类型，原载体（闪存卡、磁盘等）或硬盘的规格。

5.7.6.1.5 电源：电池，交流 50Hz 或 60Hz，功率不稳或波动，等等。

5.7.7 元数据和字段工具

5.7.7.1 实地记录相互之间以及与其他事件、对象和信息相关联。研究正朝着集成数据和元数据获取工具的方向发展，这些工具记录和关联不同的对象以及创建它们的时间和地点。同时，各种国际项目已经创建了符合特定元数据方案要求的工具。这种工具为未来的研究人员提供了一个相对完整的元数据收集，并使其更容易转移到已建立的数据库系统上，还确保了数据的准确性。在编写这些工具和概念的时候，这些工具和概念仍处于发展的早期阶段，它们包含特定的数据，所以这里不进行讨论，然而，重要的是上述所有的技术数据都是未来的管理和访问系统所必需的。所有获得的数据都应该考虑到最终归档系统的传输兼容性。在标准生成之前，建议使用 UNICODE 字符和 XML 格式。 088

5.7.7.2 如果不使用上述的获取工具，而采用手动收集元数据，则建议使用可以简单传输到通常数据库结构的格式。另外，研究机构和档案馆有时会各自提供他们的工具，如果可能的话，这些工具应该在现场使用。

5.7.8 时间因素

5.7.8.1 记录重要事件或采访所需的时间可能相当长。如果现场记录方法设计得当，则保存现场记录所需的时间可以减少到仅为摄取数据和元数据所花费的时间。如果系统依赖于人工方法，那么在出现人为错误或者缺乏资源时承担这个耗时的重要档案任务，很有可能会丢失许多有价值的信息。 089

第6章[①]
用于保存的目标格式和系统

6.1.1 概述

6.1.1.1 关于数字编码音频管理、长期存储和保存的以下信息基于一个前提，即没有终极的永久存储介质、在可预见的未来也不会有。相反，数字音频档案管理者必须计划实施保存管理系统和存储系统，这些系统旨在支持随着格式、载体或其他技术不可避免的变化而进行的处理。技术变革的速度和方向是档案馆无法控制和影响的事情。数字保存的目标和重点是建立可持续的系统，而不是永久的载体。

6.1.1.2 技术存储系统的选择取决于很多因素，成本是其中之一。虽然选择保存藏品的技术类型可能会因个别机构的具体情况及其环境而有所不同，但这里概述的基本原则适用于数字音频管理和长期存储的任何方法。

6.1.2 数据或音频专用存储

6.1.2.1 为了有效管理和维护数字音频，有必要将其转换为标准数据格式。数据格式是计算机系统能够识别的文件类型，例如 .wav、BWF 或 AIFF。与音频专用载体不同，这些文件在技术上定义了

---

① 本章6.2节之前的章节编号有误，缺少6.1节的编号和标题。由于本书将与英文等其他语种的版本共同在IASA网站上公布，为保持章节编号的一致性，所有编号未作修改。——译者注

其内容的限制，且通常以这样的方式进行编码，即主机系统识别和纠正丢失的数据。IASA 建议使用 2.8 中定义的 BWF 格式。

6.1.2.2　过去提供的音频专用记录格式包括数字音频磁带（DAT）和数字音频光盘（CD - DA）。DAT 虽然曾经广泛用于 16 bit、48 kHz 音频的远程或现场录音，但现在已是一个过时的录音系统。IASA建议，按照 5.5 中提供的指导，DAT 磁带上记录的任何重要内容都应迁移到更可靠的存储系统中。

6.1.2.3　可刻光盘可用于录制纯音频格式（CD - A 或 CD - DA）或数据格式（CD - ROM）的音频。在 CD - DA 格式中，编码的数字音频类似于音频流，因此不具有诸如可能刻录在 CD - ROM 格式盘上的封闭文件的优点。但后者在相同数量的磁盘空间上可存储的数据更少。IASA 不建议以 CD - DA 格式作为保存目标格式来录制音频。使用可刻 CD 作为任何形式的目标格式存在相当大的风险，第 8 章概述了这些风险。数据管理和存储系统日益降低的价格和日益提高的可靠性使得介质专用的存储方式，如 CD - R，已不再必要，至少是不经济。

6.1.3　数字保存原则

6.1.3.1　数字海量存储系统（DMSS）原则。

6.1.3.2　以下信息基于联合国教科文组织《数字遗产保存指南》中“数据保护战略”的实践部分。一些修改只为反映存在非自动备份系统的可能性，并反映音频数字保存的单一格式问题。本部分已得到作者的许可使用（Webb，2003：16.13）。

090

6.1.4　数据保护策略的实践

6.1.4.1　一套管理长期存储数据的规范策略。大多数是基于无须保存数据载体本身，只需保存数据这一假设。下文对这些策略进行了部分阐述。

6.1.4.2　责任分配。对于数据的存储和保护，必须责任到人。这是一项技术责任，需要一套特定的技能和知识以及管理专长。对于所有的馆藏，数据的存储和保护需要专用的资源，适当的计划，并且必须对这些策略负责，即使非常小的馆藏，也必须有具备必要的专业知识和专门负责该任务的人员。

6.1.4.3 配置适当的技术基础设施。数据必须以适当的系统和适当的载体来储存和管理。有一些数字资产管理系统或数字对象存储系统可以满足音频数字保存方案的要求，下面将讨论一些方法。一旦需求确定，就应该和潜在的供应商进行广泛的讨论。不同的系统和载体适合不同的需求，选择的保护方案必须与目标相符。

6.1.4.4 整个系统必须具备足够的功能，包括以下几个方面。

6.1.4.5 足够的存储容量。存储容量可以随着时间的推移而积累，但系统必须能够管理在其生命周期内预期存储的数据量。

6.1.4.6 系统必须能够根据需要无损失地复制数据，并将数据无损失地迁移到新的或“更新”的载体上。此为一项基本功能。

6.1.4.7 提供可靠的技术支持，及时处理问题。

6.1.4.8 具有将文件名映射到适合其存储架构的文件命名方案中的能力。存储系统基于命名对象。不同的系统使用不同的架构来组织对象。这可能会限制对象在存储（器）中的命名方式。例如，磁盘系统可以对现有的文件名施加一个分层目录结构，且不同于磁带系统上使用的目录结构。系统必须允许或最好执行系统赋予的文件名与现有标识符的映射。

6.1.4.9 管理冗余存储的能力。数字介质的故障率很小，一旦发生则后果严重，所以必须在每个阶段对文件进行冗余拷贝，特别是最终的存储阶段。

6.1.4.10 错误检查。大多数计算机存储器中都有一定程度的自动错误检查功能。由于音视频材料必须长期保存，且通常利用率非常低，系统必须能够检测数据的变化或丢失，并采取适当的措施。至少现有的策略必须能使馆藏管理人员意识到潜在的问题，并有足够的时间采取适当的行动。

6.1.4.11 技术基础设施还必须包括存储元数据的手段和将元数据可靠地链接到所存数字对象的方法。大规模操作通常会发现，需要建立数字对象管理系统，这些数据对象管理系统与数字海量存储系统相连接，但与之分离，以便应对所涉及的过程范围，并允许更改元数据和工作接口，而不必改变大容量存储。

6.1.5　系统可持续性理念

6.1.5.1 所有技术，无论是硬件还是软件、格式或标准，最终都将因市场力量、性能要求或其他需求及期望而改变。负责维护数字和数字化音频内容的音频档案工作者的任务是在这些技术变革中找到出路，以低成本高效益的管理方式为当前和未来的用户维护馆藏内容，确保其可靠和真实。

6.1.6　长期规划

6.1.6.1 数字录音档案的长期规划涉及的不仅仅是数据存储系统的技术标准。技术问题应认真解决，但运行数字存储系统的社会和经济条件对于确保持续访问内容同样至关重要。长期规划应考虑以下问题。

6.1.6.2 原始数据的可持续性。即以其适当和合乎逻辑的顺序保留字节流。存储系统中的数据必须返回到系统中，且没有修改或损坏。值得注意的是，计算机系统专业人士识别出有关数据维护和更新的一个相当大的风险，只有管理完善、设计良好的 IT 方法才能保证获得合适的结果。

6.1.6.3 格式和重放能力。数字数据只有能以音频方式呈现，其录音档案中的数据才会有用。正确选择文件格式以确保未来的录音档案馆可以重放数据文件的内容，或者能够获得将文件转换为新格式的技术。格式里不包含有损压缩算法，能够在不改变原始音频内容的情况下实现未来的转换过程。

6.1.6.4 元数据、标识和长期访问。所有数字音频文件必须可识别和可查找，以便使用音频材料，实现其内容价值。

6.1.6.5 经济成本与录音档案。这包括维持数据存储系统和存储库的机构的持续运营成本，也包括那些拥有、管理数字音频或从数字音频中获得价值的机构的持续运营成本。维护数字音频藏品的成本持续存在，故必须为藏品的长期保存制定一个切实可行的计划和预算。规划和管理音频藏品的成本也在不断增加。数字保护既是一个技术问题，也是一个经济问题。可持续发展的基础是可靠的资金来源，必须确保持续的资金支持，尽管数额可能不高，以确保数字内容的可持续及其存储库、技术和系统的长期维护。

6.1.6.6 存储、管理和保存备选方案：鉴于经济和技术环境可能不稳定，建议档案馆和机构就数据存储为档案达成协议。这需要在文件格式和数据组织以及内容管理的社会和技术方面达成一些标准协议。

6.1.6.7 工具、软件和长期规划。硬件、软件和系统本身并不需保存，它们只是用于保存内容的工具。例如，存储库软件 D – Space 并不将自身描述为一种保存解决方案，而只是适用于“使具有可持续能力的机构能够保留信息资产并提供服务”（DSpace，Michael j. Bass et al.，2002）。存储库软件本身是一个工具，各种组件的设计也是为了帮助操作、简化流程以及自动化和验证元数据收割。长期规划包括在不危及内容的情况下改变或升级系统。

092

6.1.7 定义数字对象

6.1.7.1 音频文件只是要保存的信息的一部分。开放档案信息系统（OAIS）参考模型将数字对象标识为四个部分，并将其描述为信息包。信息包包括内容信息和保存描述信息，二者与打包信息一起打包，构成一个整体，并通过描述性信息被查找。

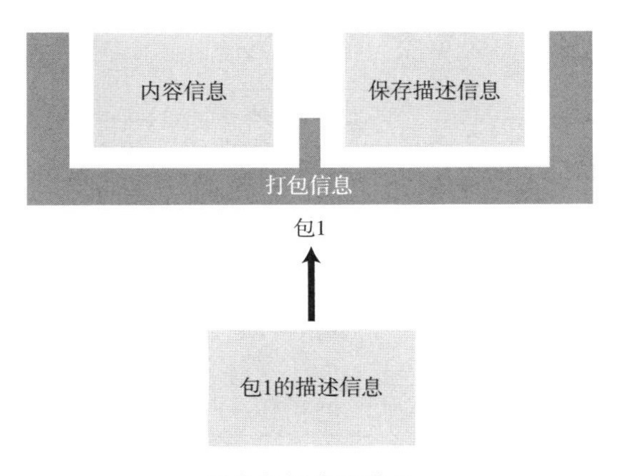

信息包概念和关系

6.1.7.2　虽然信息可能分布于整个存储系统，但要记住的是，概念性的包是音频信息和重放该音频、了解其来源以及描述和找到它所需的信息。馆藏中的一个音频文件和其他音频文件之间也可能存在重要关系，这些关系对于使用这些材料非常重要，因此也必须保存。

6.1.8　开放档案信息系统（OAIS）

6.1.8.1　开放档案信息系统（OAIS）参考模型是数字仓储和长期保存系统广泛采用的一个概念模型。OAIS 参考模型提供了一种数字图书馆和保存专家共享的通用语言和概念框架。该框架已被采用为国际标准 ISO 14721：2003。尽管一些评论者认为 OAIS 的细节存在缺陷，但以与 OAIS 功能类别相对应的形式构建存储库架构的理念，对于开发内容可互操作交换的模块化存储系统至关重要。本指南的以下部分采用了 OAIS 参考模型的主要功能组件，以协助分析可用的软件，并为必要的开发提出建议。

093

6.1.8.2　长期保存的数字仓储必须能够执行一定的功能，以便可靠和可持续地完成既定目标。开放档案信息系统（OAIS）参考模型定义了摄取、存取、系统管理、数据管理、保存规划和档案长期存储六项功能。

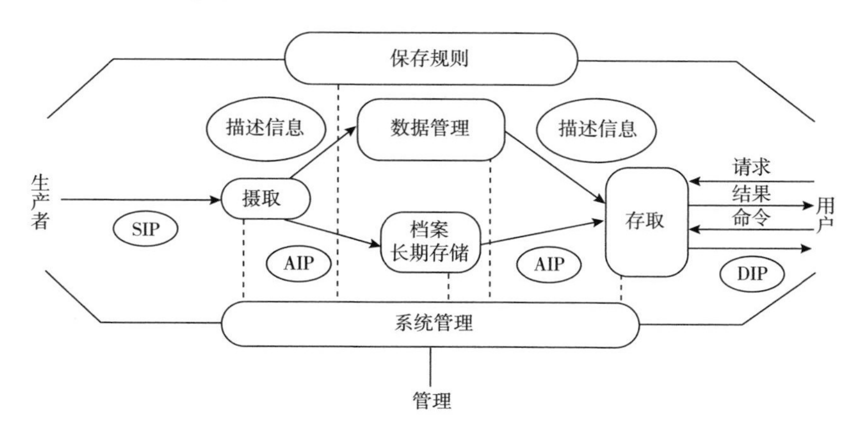

6.1.8.3　根据所处数字生命周期阶段，OAIS 还定义了数据管理所需的各种信息包的结构，即提交信息包（SIP）、发布信息包（DIP）和存档信息包（AIP）。包是包含特定对象所需的数据和相关元数据以及描述信息的概念包。这个对象只是概念性的，因为包的内容可能分散在系统中，或者折叠成一个数字对象。OAIS 将信息包定义为内容信息和相关保存描述信息，保存描述信息有助于保存和查找内容信息。

6.1.8.4　SIP 是提交给系统进行摄取的信息包。它包含要存储的数据和关于对象的所有必需的相关元数据。SIP 被系统接收后用于创建 AIP。

6.1.8.5　AIP 是在系统中存储和保存的信息包。它是系统存储、保存和维护的信息包。

6.1.8.6　DIP 是用于发布数字内容的信息包。DIP 在系统中有三个作用。一是访问，DIP 以用户可以使用和理解的形式出现。二是为了分散风险而进行交换。长期保存数字仓储可以选择部分内容与其他类似的机构共享，也可以与承担档案长期存储角色的组织机构共享。在这种情况下，DIP 将包含承担该角色所需的所有相关元数据。三是将内容分发给档案馆作为最后的手段。某个档案馆或机构不再有资源来维持其馆藏的情形并不难想象。用于此目标的标准 DIP 能让其他类似架构的系统以最少的人工干预来承担这个角色。

6.1.9 可信数字仓储（TDR）及其责任

6.1.9.1 数字存储环境技术规范是确保所管理的数字内容在未来仍然可以访问的重要部分，然而，它并不足以确保实现这一目标。拥有数字档案的机构必须能够确保其管理的内容得到有效的规划和维护。2002 年，研究图书馆集团（RLG）和联机计算机图书馆中心（OCLC）联合出版了《可信数字仓储：属性与责任》，其中阐述了可信、可靠、可持续数字仓储的属性和责任的框架，这是“档案馆提供永久或长期保存数字信息所必需的”。

6.1.9.2 这些属性包括对 OAIS 参考模型的遵循、组织机构的类型、经费的保障、技术和程序的适宜性、系统的安全性以及是否存在适当的策略，以确保采取措施来管理和保存数据。

6.1.9.3 具体实例是一个称为“可信仓储的审计和认证（TRAC）：标准和清单”（2007）的文件。使用该文件，档案机构可以确定它们已经或正计划实施的实践、方法和技术是否适合它们负有责任的数字信息的永久保存。

6.1.9.4 清单所涉及的问题包括三个主要领域：组织架构；数字对象管理和技术；技术基础设施和安全。

6.1.9.5 组织架构提供了一系列检查清单，包括适当的治理和组织机构的类型、组织机构的结构和人员编制、程序问责制和政策框架、经费的保障以及对许可和义务的考虑。数字对象管理部分考虑了内容获取、存档包创建、保存规划、长期存储和规划、信息管理和访问控制。该清单的第三部分为系统基础设施的审计，确保技术的使用对完成其任务及系统和机构的安全运行是恰当的。

6.1.9.6 “可信仓储的审计和认证（TRAC）：标准和清单”中的术语是以

最宽泛的意义来表示数字档案，因此，文档的含义对音频档案工作者而言偶尔会显得不明晰。尽管如此，其检查和测试的问题对于数字音频档案的规划和管理仍至关重要。强烈建议数字音频档案工作者使用清单检查机构管理数字馆藏的适宜性，或者识别现有数字保存策略的薄弱环节。

6.1.10 录音档案馆及其技术责任

6.1.10.1 尽管特定机构可能负责管理音频藏品，但并不一定意味着该机构会承担维护数字存储系统的责任。机构反而可能会成为分布式存储系统的一部分，或者可能寻找第三方提供商以更标准的方式将其内容存档。

6.1.10.2 分布式数据存储方法是在网络的许多地方复制数据，如斯坦福大学以 LOCKSS（建立多个副本保证数据安全）为名推出和开发的基于网络材料的数据存储方法，该系统管理网格上的数据，减少数据丢失的风险，因为信息可以在许多不同的地方找到。这样的系统不适用于有访问限制或版权禁止传播的材料，还要求机构承担发展和管理的责任。

6.1.10.3 一个机构可以判定自身不具备进行数字存储系统开发和管理的技术能力。在这种情况下，其可能与第三方供应商建立合作关系。该供应商可以是另一个档案馆，它接收该机构馆藏并存储其内容；也可以是商业供应商，可提供有偿存储服务并管理内容。

6.1.10.4 以下信息针对打算自己开展保存工作的机构。但如果考虑上述任何一种替代方案，则这些信息会有助于确定这些方法是否可靠和有效。

6.1.11 数字仓储软件、数据管理和保存系统

6.1.11.1 数字仓储软件通常是支持存储和访问数字内容的软件。其应该包含管理内容方面信息的索引和元数据系统，以及用于查找和

报告内容的各种工具。

6.1.11.2 数据管理是对系统负责的字节流或数据进行的管理。这可能包括备份过程、多个副本和更改。

6.1.11.3 保存过程是确保内容长期可访问、内容仍然有意义以及数据管理系统的任务得到记录和维护。这三个步骤是实现内容长期保存的必要条件。

096

6.2 摄取

6.2.1 提交信息包（SIP）

6.2.1.1 SIP是交给仓储和数字存储系统进行摄取的信息包。SIP包括要存储的音频数据以及关于对象及其内容的所有必需的相关元数据。在OAIS模型中，摄取是接受内容及其相关元数据（SIP）、验证该文件、提取相关数据并准备AIP进行存储、确保所有的AIP及其描述性信息在OAIS中得以建立的过程。

6.2.1.2 数字仓储和保存系统应该能够接收和验证音频文件。验证是确保数字存储系统接收的文件符合标准的过程。在重放系统不复存在的当下，非标准的文件在未来可能会变得难以利用。有用于文件格式自动验证的工具，还可以得到一些开源解决方案并进一步开发，如JHOVE（JSTOR哈佛对象验证环境）。

6.2.2 格式

6.2.2.1 IASA建议使用.wav或优选BWF.wav文件[EBU tech 3285]。两者之间的区别在于BWF包含一组可用于组织和管理元数据的头文件。虽然BWF元数据足够用于多种目的，但在一些复杂的系统和交换情况下，需要一个更全面的包，因此，常常使用元数据编码和传输标准（METS）。METS模式是对数字图书馆中各种对象的描述性、管理性和结构性元数据进行编码的标准，采用可扩展标记语言（XML）表达。由元数据和内容组成的METS包通常用作数字档案馆之间的交换标准。

6.2.2.2 素材交换格式（MXF）是由 SMPTE 标准定义的一种专业数字音视频媒体的容器文件格式。虽然 MXF 能够管理音频，但 MXF 主要应用于影视行业。像 METS 一样，它主要是一组元数据，它“包裹”内容（本指南指音频）。这两种格式都是非常有用的格式，用于档案部门和仓储之间内容与信息的交换和管理。

6.2.2.3 SIP 的格式取决于系统以及机构的规模和复杂程度。很有可能使用.wav 文件建立可行的存档系统，将大部分必要的元数据手工输入系统，并在摄取阶段获取必要的技术元数据。但这只适用于馆藏规模很小的机构。对于具有远程和独立数字化过程且馆藏规模大的机构，则必须构建复杂的摄取和数据交换系统，以确保内容充分摄入数据存储系统。生产和验证软件将大部分数据生成为可用于保存目的的标准化 XML 文件。例如，新西兰国家图书馆元数据提取工具是一种基于 Java 的工具，它从数字对象中提取保存元数据，并以标准格式（XML）输出元数据。

097

6.2.3 保存元数据

6.2.3.1 在摄取阶段，保存过程所需的元数据包括有关创建数字音频对象的信息以及摄取之前发生的格式更改的信息。数字音频对象的技术性来源以这种方式得以保存，从而能够跟踪其当前形式与其形成时的原始形式之间的变化。

6.2.3.2 BWF 有一个非强制性建议，标题为“广播波形格式编码历史字段格式”（http://www.ebu.ch/CMSimages/en/tec_ text_ r98 - 1999_ tcm6 - 4709.pdf），介绍了如何描述文件的变化。本地使用 ASCII 自由文本字段允许描述在创建数字音频对象时使用的技术设备或软件。

098

6.3　档案长期存储

6.3.1　存档信息包（AIP）

6.3.1.1　OAIS中档案长期存储的定义包括存档信息包（AIP）所需的服务和功能。档案长期存储包括数据管理，并且包括存储介质选择、AIP传输到存储系统、数据安全性和有效性、备份和数据恢复以及将AIP复制到新介质的过程。

6.3.1.2　OAIS参考模型［CCSDS 650.0 - B - 1 开放档案信息系统（OAIS）参考模型］中对AIP的定义：用于将存档对象传输到数字长期保存系统、在系统中存储这些对象进而从系统传输出去的信息包。AIP包含了描述结构和内容的元数据以及内容信息本身。它由多个数据文件组成，这些文件包含逻辑打包或物理打包的实体。AIP的实施可能因档案馆而异，但它指定了一个容器，该容器包含长期保存和访问档案馆藏的所有必要信息。OAIS的元数据模型基于METS规范。

6.3.1.3　从物理角度看，AIP包含三部分：元数据、内容和打包信息。三者都由一个或多个文件组成（见6.1.3）。打包信息可看作包装信息，它封装了元数据和内容信息。

6.3.2　档案长期存储基础知识

6.3.2.1　档案长期存储提供存储、保存和访问内容的方法。在小型系统中，存储可以独立存在并且可以手动操作，但是在较大的系统中，存储通常与编目应用程序、资产管理系统、信息检索系统和访问控制系统一起实现，以便控制和管理存档的内容，并提供一种受控的访问方法。

6.3.2.2　档案长期存储必须与摄取和创建归档数字资产的设备相连接，且必须提供安全可靠的接口，以便将数字资产导入存储系统。

6.3.2.3　长期保存系统必须以多种方式保证可靠：必须可以使用，没有任何重大的中断，必须能够向导入内容的系统或用户报告导入是否成功，从而使导入方能够删除档案文件的摄取副本（如果适用）。档案长期存储还必须能够长期保存其管理的内容，并能够保护内容免受各种故障和灾难的影响。

6.3.2.4 长期保存系统应根据所有者的功能需求构建：必须正确确定存储系统的规模，以执行所需完成的任务，并可完成日运行所要求的存储量。此外，必须对具有访问权限的用户提供所存内容的受控访问。

6.3.3 数字海量存储系统（DMSS）

6.3.3.1 数字海量存储系统是一个基于 IT 的系统，该系统是为能够在给定或更长时间内存储和维护大量数据而规划和构建的。这些系统有多种形式；基本的 DMSS 可以是一台个人计算机，它有足够大的硬盘驱动器和一些可以用来跟踪系统中的资产的目录。更复杂的 DMSS 可以由硬盘驱动器和（或）磁带存储以及控制存储实体的计算机组组成。一个快速的基于光纤的硬盘驱动器层可以用来缓存那些访问时间至关重要的资产，而一层更便宜的硬盘驱动器可以用来存放那些访问时间不那么重要的材料，最后，基于磁带的存储可以作为最具成本效益的存储层。

6.3.3.2 当大型系统中使用多种不同的存储技术构建功能实体时，通常采用分级存储管理（HSM）系统，以支持不同技术的协同工作。更大规模的系统也可以在地理上分布，以实现更好的性能，并使系统更具容错性。

6.3.4 数据磁带类型和格式介绍

6.3.4.1 以下概述了一些主要的数据磁带格式和用于存储数据形式的音视频内容的磁带自动化系统。数据磁带仅与 DMSS 的其他组件一起使用。在谨慎比较各种数据磁带格式之前，应记住，没有载体是永久性的，只有它们所在的数据系统继续支持它们，它们才是可用的。

6.3.5　数据磁带性能

6.3.5.1　格式几何形状和尺寸控制着数据磁带的性能。性能之一的数据传输速度，是同时写入和读取的磁迹数量、走带速度、线性密度和通道编码的直接结果。类似的，体积更小、更轻的磁带盒在磁带库中移动的速度更快。数据密度受以下因素影响。

6.3.5.1.1　磁带长度和厚度的权衡。

6.3.5.1.2　磁迹宽度和节距。

6.3.5.1.3　每个轨迹内数据有效载荷的线性密度。

6.3.6　磁带涂层

6.3.6.1　磁带涂层主要有两种类型：微粒型和蒸发型。最早的涂层数据磁带使用类似于录像带的金属氧化物，而最近的数据磁带使用金属粒子（MP）。具有惰性陶瓷和氧化钝化层的纯铁粉分散在聚合物黏合剂中，被均匀地施加到 PET 或 PEN 带基或基材上，从而保证尺寸的稳定性和张力下的强度。目前市场上最高密度的数据磁带使用的是用蒸发法制备的钴合金金属箔涂层，类似于硬盘上使用的材料。这样可以达到更高纯度的磁性材料，并允许更薄的涂层。大多数金属蒸发（ME）磁带具有保护性的聚合物涂层，类似于 MP 磁带上的黏合剂材料。最近的配方还包括陶瓷保护层。早期的 ME 磁带在大量使用时由于分裂脱层而失败（Osaki，1993：11）。

6.3.7　磁带壳体的设计

6.3.7.1　磁带壳体有两种基本型号：双盘芯盒式磁带，可实现更快的存取时间；单盘芯卡式磁带，在给定的外部体积提供更大的容量。

6.3.7.2　双盘芯盒式磁带包括：

3.81mm 宽盒式磁带，主要是 DDS［衍生自 DAT］；　100

QIC（¼英寸磁带）和 Travan；

8mm 格式，包括 Exabyte 和 AITDTF；

Storagetek 9840。

6.3.7.3 单盘芯卡式磁带包括：

IBM MTC 和 Magstar 格式，如 3590、3592 和 TS 1120；

Quantum S - DLT 和 DLT - S4；

LTO Ultrium [100 GB、200 GB、400 GB 和 800 GB]；

Storagetek 9940 和 T 10000；

Sony S - AIT。

6.3.7.4 对于长期存档而言，这两种设计都不一定优越，因为寿命由一系列特定于每一种格式的细节决定。例如，一些型号的单端½英寸卡式磁带在壳体内具有大直径的导带器，可确保最小的摩擦和精确的导带。尽管最新的设计在这方面提高了可靠性，但是在老式单端卡式磁带中，引带锁定机制也出现了问题。一些双盘芯盒式磁带可以在磁带卷绕到一半时停止，以尽量减少任何特定文件的卷绕时间。这与存储之前将磁带仔细卷绕在一端，仅使引带暴露于穿带装置的音像档案馆的传统做法相矛盾。磁带不像硬盘那样有一个密封的封闭外壳给予保护。

6.3.8 线性和螺旋扫描磁带

6.3.8.1 数据磁带可以用固定式磁头（一般描述为线性）、旋转式或螺旋式磁头写入或读取。线性磁带通常遵循蛇形磁迹布局，有人认为这种穿梭可能导致磨损或所谓的擦鞋效应。在实践中，现代磁带设计成具有足够的读写次数，但对从硬盘访问常用内容仍持谨慎态度。经历过水解和其他原因的化学分解，磁带通常会以1m/s ~ 2m/s或更大的速度在磁带路径上的固定导带器和部件上运行得更好，这是固定式磁头或线性格式的典型特征。旋转式磁头或螺旋式磁头通常具有更高的走带速度，在磁带表面和读写磁头之间产生更大的空气轴承效应，但固定导带器和磁头上的线性磁带速度要慢得多，所以这里经常结垢。

6.3.9 辅助存储和访问设备

6.3.9.1 格式（如AIT）包括固态“盒式磁带内存（MIC）”，它存储文件位置信息，类似于CD上的目录（TOC），以便快速定位数据。DTF使用射频内存。

6.3.10 格式过时和技术周期

6.3.10.1 不断进步和发展是数据存储的固有特性，这意味着不可避免的变化和不断的淘汰。内容的长期管理必须建立在硬件和介质的不断演进和升级的基础上。虽然中央基础设施（如数据电缆或存储库）可能持续运行10～20年，但单个磁带机和介质的寿命比这短得多。所有主流的数据磁带格式都有开发路线图，每18个月到2年进行升级。有时可以在任何常见系列的一代或两代介质中确保只读访问的向后兼容性。因此，每一代磁带机和介质可能存在4～6年，之后迁移数据必不可少。[①] 此外，海量存储系统的硬件维护成本也会在系统超出预期寿命或保质期结束时显著上升。之后，例如可能很难获得磁带库或磁带机的新备件。以下是预计路线图的摘要。许多格式至少与一个上一代格式具有只读兼容性。

101

表1 数据磁带的预计开发路线

系列	第一代	第二代	第三代	第四代	第五代	第六代
Quantum SDLT	SDLT 220 110 GB	SDLT 320 160 GB	SDLT 600 300 GB	DLT－S 4 800 GB		
IBM			3592 2004 300 GB 40MB/s	TS1120 2006 700 GB 104MB/s		

① 这意味着一定程度的浪费和环境压力已超出了我们纯技术讨论的范围，但实际上，相对拥有更节能的驱动器和机器人技术且占用较少空间的新型高密度系统，大型老式数据磁带库将消耗更多的聚合物，并需要更多的石化产品。

续表

系列	第一代	第二代	第三代	第四代	第五代	第六代
Sun – Storagetek		9940B 2002 200 GB 30MB/s	T 10000 2006 500 GB 120MB/s	T10000B 2008 iTB 120MB/s		
LTO	LTO－1 2001 100 GB 20MB/s	LTO－2 2003 200 GB 40MB/s	LTO－3 2004 400 GB 80MB/s	LTO－4 2007 800 GB 120MB/s	LTO－5 日期未定 （2009＋） 1.6TB 180MB/s （预计）	LTO－6 日期未定 （2011＋） 3.2TB 270MB/s （预计）
Sony S－AIT	S－AIT 2003 500 GB 30MB/s	S－AIT 2 2006 800 GB 45MB/s				
Sony AIT			AIT－3 2003 100 GB 12MB/s	AIT－4 2005 200 GB 24MB/s		

6.3.11　自动或手动检索

6.3.11.1　对于小规模业务，可以将数据从单个工作站备份到单个数据磁带机上，并手动加载磁带以存放在传统的架子上，甚至小规模的网络系统也可以对其存储进行手动备份（见第7章）。同样的存储环境指南适用于其他磁带，尽管日益注意到尽量减少灰尘和其他颗粒物以及污染物是有益的。对于大规模业务，特别是在劳动力成本较高、资本设备预算充足的国家，一定程度的自动化通常比纯手工系统更可取和更为经济。自动化程度取决于任务的规模和一致性，内容的访问类型，以及主要资源的相对成本。

6.3.11.2 自动加载磁带机和磁带库：单驱动器的下一步是小型自动加载磁带机，通常有一个驱动器（偶尔两个）和一行或一个转盘式数据磁带，它们依次被馈送以支持备份操作。自动加载磁带机和大型磁带库的一个主要区别是已录磁带不会被备份软件记录在中央数据库中，然后可以启用自动检索。搜索、检索和重新加载单个文件仍然属于人工操作。顾名思义，所有自动加载磁带机的功能就是允许一系列磁带被顺序读或写，以克服单个数据介质的容量限制，而且在一个长的备份序列中也无须操作人员存在，会自动装载下一个磁带。

102

6.3.11.3 通过对比，即使是最小的磁带库也被编程成一个独立的、自主的存储系统。不同磁带上的单个文件的位置对用户是透明的，且磁带库控制器会跟踪每个磁带上的文件地址以及库中磁带的物理位置。如果磁带被取出或重新加载，则子系统在初始化时将重新扫描磁带插槽，用来自条形码、射频标签或磁带外壳的内存芯片的元数据更新库存。

6.3.11.4 与较小的磁带库相比，大型磁带库有一些优点。大型磁带库可以构建为冗余和分布式，即可以使停机时间最小化，并且可以在几个类似的系统之间平衡读/写负载。大型磁带库也可以用作多用途系统，例如，可以维护公司的正常 IT 备份以及管理所有存档的视频和音频。

6.3.11.5 磁带库系统中使用的数据磁带或卡式磁带具有一些条形码、射频标签或其他身份识别（ID）系统。这些光学或电磁识别系统有时与盒式磁带内存（MIC）结合使用，以补充有关磁带身份识别和内容的信息。某些格式具有用于条形码磁带的全球身份识别系统，以便一个磁带库中使用的磁带可以在另一个磁带库系统中识别。

6.3.11.6 备份和迁移软件及时间表：在 IT 界和其他领域，对长期数据档案的目的和操作存在一些混淆和误解。关于长期数据档案有两种普遍的误解。首先，存档是将不经常使用的材料从昂贵的在线网络磁盘存储转移到更便宜、无法访问的离线存储（从此可能永远不会被检索）的过程。其次，备份是一个常规的每日和每周的例行程序，用于复制存储在系统中的所有内容。

6.3.11.7 关于第一个误解，现实是一些最重要和最有价值的材料可能数月或数年都不会使用，但其生存必须得到明确保证。第二个误解也是如此，如果建立了合适的规则，大量的材料可能不需要每天或每周复制，只有小比例需要更新。实际上，尽管异地异质复制数据的严格制度对于最大限度地减少技术故障风险并确保从灾难中恢复至关重要，但数字遗产材料的特殊特性需要一些与日常 IT 数据管理不同的程序。

6.3.11.8 传统的分级存储管理系统可能会进行优化，以便定期备份所有内容，并将不经常使用的内容移到不可访问的位置，但可以配置更好的系统以适应不同规模不同访问级别的档案馆的业务规则和实践。一个中等规模的组织机构可能会每周摄取 100 GB 的音频数据或 1TB 的视频。简而言之，就是确保一旦有价值的材料被摄取就能复制，并且常用的材料仍然可访问。

6.3.11.9 存储管理软件的一些主要任务是优化资源的使用，管理硬件层中的设备，同时调整流量，尽量减少提交给用户的延迟。分级存储管理软件提供了将文件从在线磁盘迁移到磁带的条件选择，例如：比特定日期更早、大于标称的大小、位于特定子文件夹中，或当可用磁盘空间超出特定的限制（高和低的水印）。

103

6.3.11.10 通常，在同时具备生成高分辨率文件和低分辨率访问副本的情况下，用于保存和广播的较大的高分辨率文件将被迁移到磁带，以释放更昂贵的硬盘阵列空间。在维持材料的可用性和优化磁带机和介质的使用之间需要一个平衡。如果磁带被频繁访问，那么大量的挂载和卸载、假脱机和恢复操作将降低系统性能。更复杂的内容管理系统有时会包含较低级别的存储管理，因此用户不太了解支持该系统的单个文件和组件。

6.3.12　数据磁带介质的选择和监控

6.3.12.1　与任何传统的保存系统一样，为防止介质或系统部件万一出现问题，备份和冗余很重要，而对系统关键部件的性能建立标准并依此进行检测更加重要。诸如 SCSI - Tools 之类的软件能够对网络上各个驱动器和设备进行较低级别的询问，以确定介质和硬件性能是否处于最佳水平。LTO 磁带具有用于数据监控的接口，虽然这对档案系统是有利的，但是这种功能很少被利用。一些 HSM 系统能够定期监控存储资产的质量。如果一段时期内磁带没有被使用，在用户访问或读取磁带上存储的数据时，这些系统无须用户干预就会监控磁带的误码率。

6.3.13　成本

6.3.13.1　通常，数据磁带存储的成本分为四个方面：磁带介质，每 3 ~ 5 年采购和更换原始的备份磁带介质；磁带机，每 1 ~ 5 年采购和更换，含技术支持费用；磁带库的购买和 10 年寿命期间的维护；软件购买、集成、开发和维护。

6.3.13.2　在手动系统中，尽管员工的空间要求较大，手工检索和检查的人工成本较高，存放费用却较低。在自动化磁带库系统中，大部分人力成本被硬件和软件的前期费用抵消。随着存储需求的增长，大型磁带库可以以模块化方式购买，以便将费用分摊在数年内开支。在磁带库的生命周期中，磁带机等单个组件每 3 ~ 5年将被更新的技术所取代。如果存储的内容不断被访问，那么磁带机的使用寿命可能相当短，甚至只有一年或更短。如果需要，可以保存较旧的磁带介质和磁带机以备冗余。如果存档数据没有快速增长，则在将存档内容迁移到下一代介质或技术的时候，当前和下一代磁带和磁带机可以共存在磁带库中。如果存档数据持续增长，那么创建特定大小的磁带库可能具有成本效益，具备仅存储在当时技术的使用寿命期间存档的内容量，然后可获取较大的新磁带库，以存储使用下一代技术存储的内容以及将被迁移的旧内容。如果旧技术和新技术不能共存在同一设备中，后一种方法也是必要的。

104

6.3.13.3 保持至少一个不同地点或地理上分离的冗余数据备份是很好的业务实践。通常，为躲避自然灾害和人为灾害，20～50 公里的半径是常见的距离，并且这个距离可以保证在几个小时内人工取回数据。为了进一步降低风险，冗余备份应存于不同批次或来源的介质上，甚至是不同技术的介质上。有些数据磁带由唯一的供应商制造，增加了单点故障的可能性。三套数据比两套更安全，虽然介质成本增加，但硬件和软件成本仅略高于第一套。

6.3.14 硬盘驱动器（HDD）介绍

6.3.14.1 自从 IBM 在 1973 年推出了 3340 型号的硬盘驱动器（HDD）以来，硬盘驱动器已经成为计算机主要的内存和数据存储器。由于这款硬盘驱动器具有 30MB 的固定内存和 30MB 的可移动存储，其 30/30 架构的称谓至少在名称上与著名的来复枪类似，因此其昵称为“温彻斯特”，它开创了使硬盘可操控的磁头设计。尺寸的进一步缩小和磁头与磁盘设计的最新发展大大增加了磁盘驱动器的可靠性，最终发展成今天普遍应用的稳健设计。

6.3.14.2 数据管理员的责任是维护数据，他们认为硬盘作为一个数据项目的唯一副本太不可靠，如果用硬盘制作多套副本，价格又太昂贵，而磁盘阵列更可靠。存在硬盘上的数据因此被复制在多个磁带副本上以确保其长久保存下去。如本指南所述（见

6.1.4和7.6)，所有数据系统必须具有所保存的所有数据的多套独立的副本。虽然专家们倾向于认为最可靠的数据系统由磁盘阵列加磁带上的多套副本组成，但持续降低的成本和持续提高的可靠性使得在多个单独的硬盘上建立多套数据副本的理念成为可能。然而，多种介质存储的原则仍然存在，而仅用磁盘存储确实具有风险。

6.3.15 可靠性

6.3.15.1 由磁盘故障和磁头损坏等原因造成的数据丢失，致使大多数数据专业人士对HDD存有疑虑，但厂商现在声称HDD年化故障率小于1%，其使用寿命为40000小时（Plend，2003）。高可靠性硬盘驱动器可能具有更长的使用寿命，制造商称使用寿命为“平均无故障时间”。虽然HDD都是自包含且独立密封以免其受损，但磁盘驱动器的大多数故障都以两种截然不同的方式发生：要么由于延期使用导致过多磨损而损坏，要么在驱动器的电源打开或关闭的瞬间被损坏。困境在于是让磁盘一直处于工作状态而增加磨损，还是随时打开和关闭而增加瞬间故障的风险。

6.3.16 系统说明、复杂性和成本

6.3.16.1 如第2章所述，最近几代计算机具有足够的能力处理大型音频文件。所有近几代的计算机都集成了足够速度和大小的硬盘，外部的HDD适配器可以插入USB、火线或SCSI端口。系统复杂性和运行这种系统所需的专业知识程度并不比操作台式计算机所需要的大很多。

6.3.16.2 当需要访问的大量音频和音视频材料存储在HDD上时，磁盘通常被并入磁盘阵列（RAID）中。RAID提高硬盘系统的可靠性并通过将排列的磁盘视为一个大型硬盘来提升整体访问速度。如果磁盘发生故障，则可以进行替换，且该磁盘上的所有数据

105　可以使用阵列中其余磁盘的数据重新构建。系统容忍的故障级别，和从这种故障中恢复的速度是 RAID 级别的乘积。设计 RAID 不是作为数据保存工具，而是作为在不可避免的磁盘故障发生时能够维持正常访问的一种手段。任何 RAID 的适当级别以及控制器复制的要求取决于特定情况和数据复制的频率。RAID 要求当磁盘的任何部分正在使用时，阵列中的所有磁盘都要接通电源。与所有数字数据一样，所有包含存档资料的 RAID，必须在其他介质上多次复制。

表 2　基于 LTO－4 技术的存储系统的投资成本

容量	磁带容量（GB）	磁带数量	推荐磁带机的数量	磁带机最大数量	系统价格（€）	磁带价格（€）	磁带机价格（€）	每 GB 成本（€）
10 TB	800	13	2	4	20480	97	7625	2.05
50 TB	800	63	4	16	56800	97	10175	1.14
100 TB	800	125	8	16	134050	97	12725	1.34
200 TB	800	250	12	16	205350	97	12725	1.03
500 TB	800	625	18	56	446938	97	15975	0.89
1000 TB	800	1250	36	88	864517	97	15975	0.86
2000 TB	800	2500	72	176	1687690	97	15975	0.84

表 3　基于 LTO－4 技术的存储系统的年维护成本

容量	硬件维护费用第 1 年（€）	软件维护费用第 1 年（€）	硬件维护费用第 2 年（€）	软件维护费用第 2 年（€）	硬件维护费用第 3 年（€）	软件维护费用第 3 年（€）	硬件维护费用第 4 年（€）	软件维护费用第 4 年（€）	硬件维护费用第 5 年（€）	软件维护费用第 5 年（€）
10 TB	2420	n/a	2420	n/a	2420	n/a	2514	n/a	2514	n/a
50 TB	3454	n/a	4958	n/a	4958	n/a	4958	n/a	4958	n/a

续表

容量	硬件维护费用第1年(€)	软件维护费用第1年(€)	硬件维护费用第2年(€)	软件维护费用第2年(€)	硬件维护费用第3年(€)	软件维护费用第3年(€)	硬件维护费用第4年(€)	软件维护费用第4年(€)	硬件维护费用第5年(€)	软件维护费用第5年(€)
100 TB	11808	490	13817	490	13817	490	13817	490	13817	490
200 TB	15787	582	19323	582	19323	582	19323	582	19323	582
500 TB	27380	1068	34111	1068	34111	1068	34111	1068	34111	1068
1000 TB	47542	2115	66734	2115	66734	2115	66734	2115	66734	2115
2000 TB	99272	4221	99272	4221	99272	4221	99272	4221	99272	4221

注：①本注释涵盖表2、表3。

②价格是来自多个供应商的清单价格的平均值。客户须支付的价格通常会稍低一些。

③价格表示原始容量的价格。备份时则至少需要两倍的磁带介质。

④系统价格栏中的价格包括上述容量的磁带和驱动器成本，但不包括任何高速存储器（HSM）的软件或硬件成本。

⑤这些表格仅显示必须向供应商支付的投资成本和维护费用。除此之外，电费、冷却费、机房费、管理费等费用必须单独计算。磁带库系统在五年内的电力和制冷费用大概相当于购买价格的10%。

106

表4 基于HDD的存储系统的投资成本

容量	驱动器技术	驱动器大小(GB)	驱动器数量	系统价格(€)	驱动器价格(€)	每GB成本(€)
5 TB	SATA	500～1000	5～10	11884	1000	2.38
10 TB	SATA	750～1000	10～14	19997	1000	2.00
50 TB	SATA/FATA	1000	50	124334	1800	2.49
100 TB	SATA/FATA	1000	100	230914	1800	2.31
200 TB	SATA/FATA	1000	200	456942	1800	2.28
500 TB	SATA/FATA	1000	500	1202726	1900	2.41
1000 TB	SATA/FATA	1000	1000	2566513	1900	2.57
2000 TB	SATA/FATA	1000	2000	4782584	1900	2.39

表 5　基于 HDD 的存储系统的年维护成本

容量	硬件维护费用第 1 年（€）	软件维护费用第 1 年（€）	硬件维护费用第 2 年（€）	软件维护费用第 2 年（€）	硬件维护费用第 3 年（€）	软件维护费用第 3 年（€）	硬件维护费用第 4 年（€）	软件维护费用第 4 年（€）	硬件维护费用第 5 年（€）	软件维护费用第 5 年（€）
5 TB	826	750	826	750	826	750	1845	750	1845	750
10 TB	1206	1125	1206	1125	1206	1125	2600	1125	2600	1125
50 TB	5822	6125	5822	6125	5822	6125	12365	6125	12365	6125
100 TB	10514	8500	10514	8500	10514	8500	22391	8500	22391	8500
200 TB	21724	12750	21724	12750	21724	12750	44956	12750	44956	12750
500 TB	57061	37250	57061	37250	130394	37250	130394	37250	130394	37250
1000 TB	130203	66250	130203	66250	263537	66250	263537	66250	263537	66250
2000 TB	223778	124250	223778	124250	477121	124250	477121	124250	477121	124250

注：①本注释涵盖表 4、表 5。

②价格是来自多个供应商的清单价格的平均值。客户须支付的价格通常会稍低一些。

③系统价格栏中的价格包括上述容量的硬盘驱动器的成本。

④表格中只显示必须向供应商支付的投资成本和维护费用。除此之外，电费、冷却费、机房费和管理等费用必须单独计算。硬盘驱动器系统在五年内的电力和制冷费用大概相当于购买价格的 30% ~40%。

107

6.3.17　仅磁盘存储

6.3.17.1　RAID 阵列在系统的极限范围内是可扩展的，但是所有 HDD 都可通过简单的添加更多的驱动器无限扩展。自从 IBM 3340 HDD 问世以来，存储容量迅速增长，几乎呈指数级增长，成本却在下降。这些变化再加上可靠性的提高，导致一些人建议 HDD 硬盘既用于主存储系统，又用于备份。但是，这种做法有三个困难。首先，硬盘寿命是根据使用时间估算的，即运行的小时数。没有测试不经常使用的硬盘的寿命。其次，将数据存储在不同的介质上是有利的，因为它分散了介质故障的风险。因此，采用这种做法（硬盘兼作系统存储和备份存储）应该非常谨慎。

最后，由于无法在不接通硬盘的情况下定期检测柜架上的硬盘状态，从而使磁盘关闭所带来的好处（见6.3.20）大打折扣。多种介质存储（如磁带和硬盘）仍然是首选。硬盘应在集成系统中使用。

6.3.18 硬盘存储系统

6.3.18.1 硬盘存储系统是用于最大化磁盘存储利用率并提供大容量和高性能的集中式系统。这些系统与服务器计算机结合使用，因此服务器只有少量的内置硬盘存储或根本没有。这些系统通常用于中型和大型环境中作为存档系统的存储。当然，存档系统也可以与多个其他计算机系统共享集中式存储系统。系统的大小可以从1 TB到几PB不等。为使一项投资创造最佳价值，应该考虑到存储系统的性能特性可以根据其选择的配置而显着变化，必须事先仔细规划系统的实际需要，并使用合格的专业人员来配置存储结构和系统接口。

6.3.18.2 集中式磁盘存储系统旨在提供比独立硬盘驱动器更好的错误恢复能力。这些系统提供了几个可选级别的RAID保护，为避免单点故障，其组件可能是冗余的，系统可以在本地或不同地理位置上分布，以保护宝贵资产免受不同类型的故障和灾难。

6.3.18.3 存储系统与其所服务的计算机之间的连接在系统性能方面发挥重要作用。一般来说，使用的两种方法是附网存储（NAS）和存储区域网络（SAN）。NAS利用常规IT网络（如以太网）在计算机和存储系统之间移动数据，而SAN使用交换光纤通道连接。NAS系统可以100 Mbit / s，1 Gbit / s和10 Gbit / s的速度工作，而SAN则以2 Gbit / s或4 Gbit / s的速率工作。这两项技术都有明确的发展路线图，预计未来的性能将会有所增长。SAN技术由于特有的设计带来更好的性能，通常被选择用于更苛刻的环境。例如，在SAN环境中可以更有效地控制输入/输出（I / O）块大小，而网络协议往往会强制 NAS 系统使用相当小的输入/输出块。从经济的角度看，NAS 技术比 SAN 技术便宜。

6.3.19 硬盘驱动器（HDD）寿命

6.3.19.1 如上所述，许多市售的 HDD 预计有 40000 小时的寿命。HDD 在典型商业用途中更换寿命为五年。随着流体或陶瓷主轴轴承、盘的表面润滑以及在最新的台式机 HDD 上制造的专用磁头驻停技术等的改进，HDD 的寿命可能会更长一些。然而，没有对未使用的 HDD 的使用寿命进行的可靠测试，明智的做法是在 5 年内计划在这样的工作系统中更换磁盘。

108

6.3.20 硬盘介质监控

6.3.20.1 坏数据块增加可能表明即将发生磁盘故障。最新的磁盘出现块错误，甚至在全新时就出现，是正常现象，而大多数的数据系统会通过重新分配该块的地址来管理坏块。但是，如果坏块的数量增加，则可能表示磁盘要出现故障。现在有软件可以发出坏数据块增加的警告，并能测量指示磁盘问题的其他物理特性。

6.3.21 硬盘驱动器（HDD）技术

6.3.21.1 有四种主要方法能够将 HDD 和其他外围设备连接到计算机：USB（通用串行总线）、IEEE 1394（火线）、SCSI（小型计算机系统接口）和 SATA / ATA（串行高级技术附件/ AT 附件）。它们在特定情况下都具有特殊的优势。USB 和火线是可以用于将硬盘驱动器以及数码摄像机或 MP3 播放器连接到个人计算机的通用总线。SCSI 和 SATA / ATA 主要用于将硬盘驱动器连接到计算机或磁盘存储系统。

6.3.21.2 SCSI 及其后续 SAS（串行连接 SCSI）接口允许更快的写入和读取速度，并且便于访问比 SATA / ATA 驱动器数量更多的驱动器。SCSI 磁盘可以在 SCSI 总线上同时接受多个命令，并且不会遇到像 SATA / ATA 那样的请求队列。SATA / ATA 驱动器相对便宜。二者在读取访问速度上大体相同；在音频环境中，两个接口对数字音频工作站（DAW）操作的限制也无差别。SCSI / SAS和 SATA 驱动器的性能差异在使用率高的集中式硬盘存储系统中才能体现。

6.3.21.3 光纤通道（FC）SCSI / SAS 驱动器主要用于需求量大的企业或业务系统，而较便宜的 SATA 驱动器更多地用于个人市场，但它们也越来越多地用于企业和业务系统，以提供更具成本效益的存储容量，如档案存储。在档案存储中，到底选择（FC）SCSI / SAS 还是 SATA 技术取决于系统的实际负载量。如果系统用来存档访问不密集的中小数量的内容，则基于 SATA 的解决方案可能就够了。实际决定必须基于明确的需求以及与存储提供商的协商。

6.3.21.4 USB 和火线连接的磁盘可以用于将内容从一个环境传输到另一个环境，但由于它们相当不可靠，难以监控和易于丢失，因此即使定价非常有吸引力，也不应该用于存档。

6.3.21.5 接口不能完全指示特定驱动器或存储系统的可靠性和性能，因此购买者应该更多了解存储系统的其他操作参数和配置参数。事实情况似乎是更为可靠的那些驱动器都采用的是 FC SCSI/SAS 接口。但是，HDD 本身并不是永久可靠的，因此所有音频数据都应该在合适的磁带上备份（见 6.3.5）（进一步讨论见 Anderson，Dykes and Riedel，2003）。 109

6.3.21.6 一种新兴的存储技术可能在不久的将来具有突出的地位。闪存形式的固态存储器正在成为移动磁盘的替代品，而且已经成为笔记本电脑中的 HDD 的替代品。一些存储设备生产商也在其低成本或中档存储系统中引入了闪存驱动器，并计划在其高端系统中引入闪存驱动器。即使闪存在存储可靠性方面还有待提升，它仍可能会成为档案界存储需求的可行解决方案；其每千兆字节的价格正在变得具有竞争力，由于电力需求少，环保性更强，而且没有活动的部件，这意味着存储器的寿命会更长。如果存储器拥有十年的使用寿命，而非五年，意味着档案工作者的投资和管理成本将降低，因为迁移的次数减少了一半。在读写性能方面，闪存已经与 HDD 技术相媲美。

6.3.22 分级存储管理（HSM）

6.3.22.1 OAIS 档案存储功能将分级存储管理（HSM）的概念嵌入概念模型中。在 OAIS 撰写的时候，并没有设想到可负担的以其他方式管理大量数据的情况。支持 HSM 需求的实际问题是存储介质的成本不同，例如磁盘存储昂贵，磁带存储却便宜得多。在这种情况下，HSM 提供虚拟、单一的信息存储，而实际上根据使用和访问速度，副本可以分布在多种不同类型的载体中。

6.3.22.2 然而，硬盘的成本比磁带的成本降低的幅度大，直到它们的价格相等。因此，使用 HSM 成为现实的选择。在这种情况下，将包含磁盘阵列上的所有数据的存储系统的全部数据同时也存储在多个磁带上，是一个非常实惠的提议，对于那些高达 50 TB（每年上升）的数字存储系统尤其如此。但是对于较小的数字存储设备，功能完备的 HSM 则是不必要的，它们需要的是一个更简单的系统来管理和维护副本位置信息、介质已使用年限和版本，并将存储的数据完全复制在硬盘和磁带上。

6.3.22.3 对于中型和大型数字存储系统，所需的 HSM 存储系统仍然是数字存储系统中非常昂贵的组件之一。

6.3.23 小型系统中的文件管理软件

6.3.23.1 在整个存档内容都被复制在硬盘和磁带上的系统中，文件管理软件的目的是记录磁带副本的位置、状况、准确性和年龄。这种基本的备份功能是经典 HSM 的低成本替代方案，至少在理论上可能对于小型系统来说更为可靠。然而，随着大规模 HSM 占据重要市场，其研发也得到了行业的支持。开源软件开发群体正在开发小规模文件管理软件，这些系统包括三个最受欢迎的开源 NAS 应用程序：FreeNAS、Openfiler & NASLite 和马里兰高级自动网络磁盘归档器（AMANDA）。与所有此类开源解决方案一样，测试这些系统的适用性和可靠性的责任由用户承担，并且在没有进一步开发的情况下，本指南并不提出具体的建议。 110

6.3.24　验证和检索

6.3.24.1　在一些商业软件中，磁带读写错误可以在数据备份和验证过程中自动报告。该功能通常采用循环冗余校验，即一种使用数据校验码为传输或存储检测数据错误的技术。建议在所有档案存储系统中都实施错误检查功能。错误检查在开源软件中难以实现，因为该功能与特定硬件相关联。MPTapes 公司有一个市售的独立的 LTO 磁带存储阅读器"Veritape"，另外，富士美磁公司（Fuji Magnetics）最近也发布了与软件捆绑在一起的 LTO - Cassettes 芯片阅读器诊断系统。

6.3.25　完整性和校验码

6.3.25.1　校验码用于检查所存储、发送或复制的数据没有错误的计算值。该值根据适当的算法计算，并与数据一起传输或存储。当随后访问数据时，计算新的校验码并与原始校验码进行比较，如果匹配，则表明没有错误。校验码算法有许多类型和版本，并且被推荐用于检测归档文件中的意外或故意错误的实践和标准。

6.3.25.2　加密版本是在保护数据不受有意损坏的情况下唯一一种具有可靠信任记录的类型，而即使是最简单的加密版本现在也不可靠。最近显示，有些方法可以创建无意义的位，并计算成给定的 MD5 校验码。这意味着外部或内部入侵者可以用无意义的数据替换数字内容，除非利用时打开该文件，否则错误检查管理系统并不会察觉到这种攻击。MD5，长度是124 bit，尽管仍然用于传输，但是在安全问题很关键的地方不应该使用。SHA－1是另一种受到威胁的加密算法，在理论上已被证明可以被规避。SHA－1的长度为160 bit；SHA－2具有224 bit、256 bit、348 bit和512 bit长度的版本，与SHA－1在算法上类似。从长远来看，计算能力的稳步增长意味着这些校验码也会受到影响。

6.3.25.3 即使有这些影响，校验码也是检测意外错误的有效途径，如果并入受信任的数字仓储，可能足以在低风险情况下发现对数据文件的故意损害。但是，在存在风险的地方，甚至在不存在风险的地方，保存计划中必须包括对校验码及其有效性的监控。

111

6.4 数字保存计划

6.4.1 概述

6.4.1.1 一旦已经采取行动将音频内容转换为合适的数字存储格式并存储在数字存储系统上，如本指南前面所述，仍然需要对内容的持续保存进行管理。6.3节包括关于字节流的管理问题的描述，即确保数字编码的数据通过管理存储技术保持逻辑结构。

6.4.1.2 然而，保存数字信息还有另一个方面，这就是确保仍然可以访问这些文件中编码的内容。OAIS将此功能称为“保存计划”，并将其描述为“用于监控环境的服务和功能……并提供建议，以确保所指定的用户群体能够长期利用存储的信息，即使原始计算环境已变得过时了”（OAIS，2002：4.2）。

6.4.1.3 保存计划是了解存储库中的技术问题、识别未来保存方向（路径）以及确定何时需要采取保存行动（如格式迁移）的过程。

6.4.2 未来的数字通路

6.4.2.1 当文件格式过时并且由于不能使用适当的软件访问内容而处于不

可访问的风险中时，基本上可以采取两种方法：迁移或仿真。在迁移过程中，文件被修改或迁移到新格式，以便可以使用当时可用的软件来识别和访问内容。在仿真中，访问或操作软件被修改或设计，使得它能在不再兼容过时的音频文件格式的新系统上打开和播放这些文件。

6.4.2.2 我们目前的理解使我们相信，对于诸如未压缩音频文件的简单离散文件，最可能采用的方法是迁移，但这也不一定，所有数字存储方法和系统都应具有足够的灵活性，以适应不断变化的环境。在 PREMIS 的建议中描述的适当的保存元数据或 BWF / AES31 - 2 - 2006 中的“明确的文件类型测定（包括版本控制）”可支持上述两种方法；AES - X098B 标准，即将由 AES 发布的 AES 57 标准（《AES 音频元数据标准——用于保存和恢复的音频对象结构》）也可支持这两种方法。哈佛大学正在开发一个工具包，并以开放源代码形式发布，以支持对该领域有需要的人群。

6.4.2.3 数字保存的这一方面是绝对遵守所述标准格式的最强论证。音频和 IT 行业对标准音频格式（. wav）的大量投资意味着需要能够持续访问内容的专业软件工具，以确保音频档案馆可以管理对其馆藏的访问。同样，对单一格式的大量投资也将有助于该格式的长期持续性，因为，没有显著的利益，行业是不会改变一个根深蒂固的格式的。

112

6.4.3 激励因素和时机

6.4.3.1 虽然明智选择标准格式和遵守行业惯例会延迟这一天到来，但终有一天会需要采取某种类型的保存行动，以便能长期访问所存的音频内容。负责数字内容的音频档案工作者的问题是决定何时采取这一行动，以及确切需要做的事情。

6.4.3.2 目前正在实施一些有助于支持这一需求的倡议。这包括全球数字格式名录（GDFR，http：//hul. harvard. edu/gdfr），其目的是支持“有效使用、交换和保存所有数字编码的内容”。还有其他服务提供有关合适的格式的建议，如美国国会图书馆或英国国家档案馆提供的格式。

6.4.3.3 促使音频档案工作者采取某种保护行动的因素可能是认识到新软件不再支持旧格式，而整个行业都开始选择新的格式。对预示变革的事件的了解来自对技术、行业和市场的专业理解，推荐音频档案工作者注意上述建议工具。

6.4.3.4 正在开发的软件和工具，例如自动淘汰通知系统（AONS），将向藏品管理者提供建议，即市场发生变化时需要采取行动的建议（https：//wiki.nla.gov.au/display/APSR/AONS + II + Documentation）。这种工具的实施将与全球数字格式名录（GDFR）的开发同步进行。

113

6.5 数据管理与系统管理

6.5.1.1 OAIS 中的数据管理是用于填充、维护和访问用于标识和记录档案馆藏的描述信息以及用于管理馆藏的管理数据（即内容的目录和数据内容的统计记录）的服务和功能。

6.5.1.2 OAIS 中的系统管理是管理系统配置、监控操作、提供客户服务和更新存档信息的服务和功能。它还负责管理性工作，如与生产者协商提交协议、审计提交内容、控制物理访问、制定和维护存档标准。

6.5.1.3 数字仓储和存档系统的数据管理和系统管理提供了允许系统的可持续性和系统中内容的长期保存的服务。归档用数字存储系统的要求包括向系统发送请求以生成馆藏、利用情况统计信息、内容摘要（包括文件大小）和其他必要的技术信息及管理信息的结果集的能力。数据管理和系统管理对于可持续存档系统至关重要，因为此功能可确保正确找到并识别保存和访问的文件。

6.5.1.4　在数字存储和保存系统的这一部分内，实现了对内容的访问控制或安全控制。许多存储软件系统实现了由该系统存储和管理的策略。重要的是要认识到，权利管理信息，像音频内容本身一样，必须比存储它的系统存在更长的时间，因而能够转移到将来任何其他的保存和存储系统中。例如，以可扩展访问控制标记语言（XACML）方式编码的信息，更为普遍可执行，也更便于转移到其他系统。XACML 是一种在 XML 中实现的声明式访问控制策略语言，也是一个处理模型，描述了如何解释策略。XACML 由 OASIS 标准组管理（http：//www. oasis - open. org/committees/tc_ home. php？ wg_ abbrev = xacml）。

6.5.1.5　当选择、建立和安装数字保存系统时，关键测试之一应该是确定该系统的管理是否在该机构的能力范围内。系统功能的容量和带宽通常与系统使用与安装的复杂程度有关。如果不能充分管理和维护系统，则系统管理的内容就会存在重大的风险。因此，系统的长期管理，必须考虑维持系统使用的现有技术能力。　114

6.6　访问

6.6.1　概述

6.6.1.1　OAIS 参考模型将“访问”定义为“提供服务和功能来帮助消费者确定 OAIS 中存储的信息存在与否、描述、位置和可用性，以及允许消费者请求和接收信息产品”的实体。换句话说，访问是发现和检索内容的机制和过程。《音频遗产保护——规范、原则和保存策略》（IASA - TC 03）指出，“档案馆的主要目的是确保能够持续访问存储的信息”。内容的保存是能够持续访问内容的先决条件，而在一个精心策划的档案馆中，访问就是内容保存的直接结果。

6.6.1.2　最简单的情形下，访问是定位内容的能力，并且响应已授权的请求，允许检索用于收听的内容，或者，只要与文件相关联的权限允许，甚至可以制作一个副本带走。在互联的数字环境中，可以提供远程访问。然而，访问不仅仅是提供文件的能力。大多数基于技术构建的存档系统，可以根据要求提供音频文件，但一个真正的访问系统能够提供查找和搜索功能以及传输机制，并允许与查找到的内容进行交互和协商。访问系统为访问增加了一个新的维度，而不仅仅是克服远距离。在这种新的基于服务的检索模型中，访问可以被认为是存储系统与用户浏览器之间的一个对话。

6.6.2　在线和离线访问环境中文件的完整性

6.6.2.1　出现在线远程访问之前，由收藏机构的阅览室和听音室中的人员保证存储内容的真实性和完整性。内容由机构的工作人员提供，该机构的声誉保证内容的完整性。如果副本受到质疑，可以提取原件进行检查。

6.6.2.2　在线环境一定程度上仍依赖于收藏机构的可信性，但在线环境事实上不可能提供完全意义上的原始文件，因为在存储库和分发网络中存在着篡改或意外损坏的可能。为了解决这个问题，人们开发了各种系统，能够在数学上证明文件或作品的真实性或完整性。

6.6.2.3　如果某个内容出自一个特别的来源，其真实性就是主要考虑的问题。创建内容的机构的可信性，可以证明内容的可信性，并发布一个权威认证，也可使第三方用作真实性的保证。存在很多第三方认证的系统，并且在真实性存在问题的地方，这些系统是有价值的。

6.6.2.4　完整性是指确定文件是否已被损坏或被篡改。校验码是处理完整性的常用方法，在存储库和分发网络中也是有价值的工具（见6.3.23）。但是，正如6.3.23中所讨论的那样，校验码也是会出错的，使用校验码需要代表档案馆监控其最新发展技术。

115

6.6.3　标准和描述性元数据

6.6.3.1　详细的、适当的、有组织的元数据是广泛公开和有效访问的关键。第3章对各种形式和要求的元数据进行了详细讨论，这在开发传输系统时可以做参考。只有存在结构化和形式化的元数据的支持，功能众多的访问设备（例如具备地图接口或者时间表）才能顺利运转。

6.6.3.2　管理和创建适当元数据最具成本效益的方法是，确保在摄取内容之前制定对传输系统中所有组件的要求。以这种方式，元数据创建步骤可以内置到内容预摄取和内容摄取工作流程中。如7.4所述，创建最小集元数据的成本，是在已创建的系统中添加和组合元数据。

6.6.4　格式和发布信息包

6.6.4.1　发布信息包（DIP）是消费者收到的信息包，是对其内容请求或订单的响应。传输系统还应该能够从查询中返回结果集或报告。

6.6.4.2　网络开发人员和“访问行业”已经开发了基于传输格式的传输系统。传输格式不适合保存，保存格式一般也不适合传输。无论是作为常规工作还是为了响应请求，为了便于传输，都需要创建单独的访问副本。内容可被流式传输或以压缩的传输格式下载。传输格式的质量通常与其带宽要求成正比，藏品管理员必须根据用户的要求和传输基础设施情况来选择传输格式的类型。QuickTime和Real Media格式已被证明是流行的流媒体格式，MP3（MPEG 1 Layer 3）是一种流行的可下载格式，也可以被流式传输。用户不仅能选择这些格式进行传输，而且许多传输系统为用户提供了格式选择。

6.6.4.3　对于某些类型的材料，可能需要创建两个WAVE母本：一个用来保存或存档，准确复制原文件的格式和状况；一个用来传输，其音频内容质量可能已被改善。可根据需要用第二个母本创建传输输副本。传输格式将比母本格式以更快的速度发展。

6.6.5 搜索系统和数据交换

6.6.5.1 内容成功搜寻的程度决定了材料的使用量。为了确保广泛使用，有必要通过各种方式公开内容。

6.6.5.2 远程数据库可以通过 Z 39.50 进行搜索，Z 39.50 是一种用于搜索和检索信息的客户端 - 服务器协议。Z 39.50 广泛使用在图书馆和高校部门，其出现早于网络。鉴于其使用的程度，建议在数据库上采用符合 Z 39.50 标准的客户端服务器协议。然而，该协议在网络环境中正快速被 SRU / SRW（通过 URL 搜索检索和搜索检索网络服务）协议所替代。SRU 是一个基于标准的 XML 的互联网搜索协议，使用 CQL 标准的查询语法（上下文查询语言）（http：//www.loc.gov/standards/sru）。SRW 是一种网络服务，为 SRU 查询提供 SOAP 接口。各种开放源代码项目都支持 SRU / SRW，包括 DSPACE 和 FEDORA 等主要的开源软件库。

6.6.5.3 开放档案元数据收割协议（OAI - PMH）是存储库互操作性的一种机制。存储库通过 OAI - PMH 公开结构化元数据，这些元数据被聚合并支持对内容的查询。OAI - PMH 节点可以并入公共存储库。对象重用和交换（OAI - ORE）对于音频和视频存档领域是重要的，因为它解决了一个非常重要的需求，有效地使复合信息对象与网络体系结构同步。它允许网络资源聚合体的著录和交换。“这些聚合体，有时被称为复合数字对象，可以将分布的资源与多种介质类型相结合，包括文本、图像、数据和视频。”（http：//www.openarchives.org）

6.6.5.4 为了在复杂的在线环境下工作，必须拥有可互操作的元数据和内容。这意味着必须对包含的属性有共同的理解，具备一种能够在各种框架中运行的通用方案，以及一组关于内容交换的协议。就像在数字环境中，通过遵守建议的标准、方案、框架和协议，避免使用专有性的解决方案，来实现复杂在线环境下的工作。

6.6.6 权利和权限

6.6.6.1 需要注意的是，所有的访问都受到音频对象的有关权限及其所有者允许使用内容的许可的约束。存在各种权限管理方法，从“指纹化”内容到管理个人访问的权限，到存储环境的物理分离。特定的执行权限系统依赖于内容的类型、技术基础设施以及所有者和用户的类型，而定义或描述一个特定权限管理方法，超出了本指南的范围。 117

第 7 章[1] 小规模数字存储系统的解决方案

7.1 概述

7.1.1.1 小规模数字存储系统的建立可以满足馆藏量少且经常性预算有限的档案馆的需求。到目前为止，只有大型的、经费相对充足的音频档案机构能够进行馆藏大规模数字化，并使用包括硬盘和数据磁带在内的数字海量存储系统来存储档案。这是一种大型和昂贵的专用音频和视听存储系统。近年来许多国家的音频档案馆和大型图书馆，与大学和高等教育部门联手发起和支持数字存档开放标准的制订和源码软件的开发。现在，这些企业系统已经成为各种形式数字存档的支柱和模板。音频档案存储也通过使用这些系统并向其中输入档案学科专业知识而获益匪浅。

7.1.1.2 在源代码开放的同时，市场上出现了其他低成本的软件解决方案。数据磁带的成本正在降低，硬盘驱动器（HDD）的成本也以更大的幅度下降，因而可以采用比具有内在风险的可刻录 CD 或 DVD 等单一目标格式载体更专业的数字存档方式。

7.1.1.3 本章描述了如何建立和管理符合 OAIS 要求的小规模数字仓储。

---

[1] 本章章节编号有误，未作修改，理由同第 6 章。——译者注

第6章以及第3章、第4章，均含有与本章相关的内容。

7.2　小规模数字存档方法

7.2.1　资金和技术知识

7.2.1.1　即使建立一个低成本的数字保存系统，也需要少量的技术知识和一些经常性资金来源使其可持续发展。不管系统简单或健全，都必须进行管理和维护，并且到一定时候还需要更换，否则有丢失存储内容的风险。

7.2.1.2　数字存储既是一个技术问题也是一个经济问题。可持续发展需要有可靠的资金来源，尽管数额可能不高，但要足够确保数字内容的可持续性得到不断支持以及存储库、技术和系统得到长期的维护。许多收藏机构都是在偶然的资助的基础上建立了这些数字藏品，它们往往没有持续的资金支持。因此需要根据各类内容、访问和可持续性的具体要求，建立一个可持续性数字材料开发成本核算模式（Bradley，2004）。

7.2.1.3　系统及其硬件和软件部分需要技术知识和专用资金来维护和管理，这是毋庸置疑和无法避免的。任何关于建造和管理数字音频档案的提案都应该制定一个策略，其中包括持续的维护和更换所需的经费以及专业技术损失的风险与解决办法。

7.2.2　替代策略

7.2.2.1　如果没有足够的方法来管理在上述章节中描述的风险，档案馆还可以寻求合作伙伴来管理存储的风险，继续进行藏品的保护和数字化。118 档案馆可以选择通过多种方式分散这些风险，包括建立地方合作伙伴关系，使内容被分散到一系列相关的档案馆，与资金稳定良好的档案馆建立关系，采用商业供应商的存储服务（见6.1.6）。

7.2.2.2　为了使各种解决方案更加高效和利益最大化，合作伙伴之间要达成协议，明确可用于交换的数据和内容以及交换的形式。在合作之初就应先拟定协议。关于数据内容包互换的协议应充分考虑档案继续发挥档案作用所必需的所有相关信息，包括档案格式的音频数据、技术元数据、描述元数据、结构元数据、权利元数据以及为记录来源和演变史而创建的元数据。所有元数据应以标准格式打包，从而可用于数据丢失后的档案重建，或在必要的情况下担负起内容管理的作用。

7.2.2.3　现在存在并使用的生成这种档案的工具，例如，基于图书馆并被广泛使用的元数据编码和传输标准（METS）是可行的。无论使用哪种策略，关于形式的协议对策略的成功至关重要。无论是否用于支持远程内容复制或支持档案馆间的联合，标准形式和交换协议是最有效的保护策略，能够分散在数字音频档案生命周期中由于自然或人为灾难或在一个关键时刻因缺乏资源所导致的失败风险。

7.3　系统的描述

7.3.1.1　6.1.4 节论述了开放档案信息系统（OAIS）参考模型（ISO 14721：2003）中定义的功能类别的需求。同样的问题也适用于大型和小型馆藏机构，因为该框架对于开发具有可互操作内容交换的模块化存储系统至关重要。以下关于小规模系统的部分采用了 OAIS 参考模型的主要功能组件，以协助分析可用软件并为必要的开发提出建议。它们包括采集、访问、数据管理、保存计划和档案存储。

7.3.1.2　所描述的系统由具有某种形式管理内容的存储库软件组成，至少包含少量的元数据集以及硬件，并提供了一些关于手动管理数据完整性的建议。硬件部分大致概述了可实施小规模存储系统的两种情况：一个操作者将内容数字化到单一存储设备上，以及多个操作者需要访问存储设备的情况。任何一种系统均符合本指南中提及的所有其他组件，包括适当的模数转换器、足够的声卡、数字音频工作站（DAW）和适当的重播设备。

7.3.1.3 以下描述的可以支持小规模藏品的系统和软件，是假定一个机构能完成所有的任务。重要的是要认识到下面描述的方法不需要由一个机构独立完成，可以找到合作伙伴和可能支持所描述部分的或全部任务的商业服务提供者。同样重要的是我们要认识到，这些任务要形成形式完整的保存和归档文件包，无论是在本地或分散都必须由专人负责管理。

7.3.2 存储库软件

7.3.2.1 一个设计良好的存储库软件支持 OAIS 中定义的多个功能。商业软件和开源软件都有商业提供商。商业软件的优势是提供商会维护系统工作，然而，这些商业系统具有持续的费用，并且可能将用户锁定到难以脱离的专有系统中。开源软件的主要优点是免费，开发人员坚持开放标准和框架，这将允许在未来的升级中提取内容。它的缺点是尽管开源社区是有帮助的，但维护系统仍然是用户的责任。但是也还是有可能找到商业供应商来提供支持开源解决方案的服务的。

7.3.2.2 大多数存储库软件系统支持访问，管理，数据管理和摄取的一部分工作。存储软件通常不支持撰写保护规划和档案存储，前者是特定的技术或格式，后者取决于硬件。它们将在以下部分被单独讨论。

7.3.2.3 以下简要描述了两种类型的开源软件，这些软件仍在不断地发展，以下提出的要求和意见应该与软件提供商取得的最新进展进行对照。描述的两个软件分别为 DSpace 和 FEDORA。

7.3.2.4 DSpace 的存储平台是高等教育和研究领域中一个非常流行和广泛采用的存储库，尽管它在博物馆和文化遗产领域中的使用还很有限，但它也在逐步增长。DSpace 普遍应用的原因之一是安装和维护相对容易，并且具有可以在系统架构中集成数据管理和访问功能的现成的用户界面。DSpace 有一个强大的国际开发人员社区，可以不断为 DSpace 提供支持和增加新的功能。

7.3.2.5 DSpace 的优势之一是所集成的功能集，使机构用户能够快速建立存储库，然后开始向藏品中添加新条目。然而，这个优势也是其主要弱点之一，因为 DSpace 已经发展成为一个单片软件应用程序，有着复杂的代码库，这为一些大型机构用户带来了潜在的扩展和容量上的限制。但对大多数中小型收藏品没有任何问题，对于任何数字音频收藏来说，可能也不是问题。DSpace 目前使用基于都柏林核心图书馆应用程序配置文件工作组（LAP）的都柏林核心元数据方案的合格版本。

7.3.2.6 灵活可扩展数字对象和存储库体系结构（FEDORA）是越来越受欢迎的存储库系统，它被设计为基础软件架构，可以在其上构建广泛的存储库服务，包括保存服务。与快速应用 DSpace 相比，FEDORA 应用速度较慢，因为它缺少专门的用户界面和开箱即用的访问服务。FEDORA 有一些基于网络的前端的商业和开放源代码提供商。

7.3.2.7 FEDORA 的主要优势是它的灵活和可扩展的架构。机构采用者的经验表明，FEDORA 可以扩展以应付大型收藏，还具有足够的灵活性来存储多种类型的数字项目及其复杂的关系。FEDORA 可以添加的功能几乎没有限制，同时仍然可以与其他软件应用程序和系统进行交互操作。它可以配置为支持几乎任何一个通过 METS 摄取功能的元数据配置文件。FEDORA 的主要缺点是其核心开发需要高端的软件工程专家，并且不容易安装和实施“开箱即用”（Bradley，Lei 和 Blackall，2007）。

7.3.2.8 现在已经开发了将内容从 DSpace 迁移到 FEDORA 的工具，反之亦然，这在理论上抵消了未来的任何兼容性问题，并支持共享和

其他工作流程。（http：//www.apsr.edu.au/currentprojects/index.htm）

7.4　基本元数据

7.4.1.1　第 3 章概述了集合文档和管理的要求。如上所述，元数据对于数字音频对象的生命周期的各个方面至关重要，严格注意描述收藏的所有方面是其保存过程中更重要的一个步骤。所有技术、流程、出处和描述方面的详细元数据记录是保存过程的重要组成部分。但是，人们认识到，保存音频收集材料通常有技术上的必要性，而且这可能在元数据管理系统或政策制定之前就已经存在。最基本的建议就是首先要收集管理文件所必需的数据，或者那些不捕获会面临丢失风险的数据。

7.4.1.1.1　唯一标识符：应该是结构化的、有意义的和人性化的以及独特的。一个有意义的标识符也可用于关联以下对象，如主文件或保存文件和分发副本，元数据记录，系列，等等。其中复杂的系统通过元数据进行管理。

7.4.1.1.2　说明：声音序列的描述。使用少量的文字对音频文件的内容进行简单的描述。

7.4.1.1.3　技术参数：格式、采样率、比特率、文件大小。尽管这些信息可以稍后获取，但将其作为记录中一个明确的部分，可以实现对藏品的管理及制订保存计划。

7.4.1.1.4　编码历史：在 BWF 中，记录了一些描述原始项目的离散信息以及正在归档的数字文件的创建过程和技术（见 3.1.4）。

7.4.1.1.5　进程错误：传输系统可以收集描述传输过程中故障的所有错误数据（如 CD 或 DAT 传输中的不可校正错误）。

7.4.1.2　唯一标识符、描述和技术数据中描述的信息都可以记录在都柏林核心记录或 BWF 头文件中。在 BWF 头文件的 BeXT 块或相关的 XML 编码文档中可以记录编码历史和过程错误。日期，甚至迁移时间有必要的话都应记录在 BWF 标题中，日期甚至进入存储库的时间有必要的话应记录在存储库中的元数据管理中。在某些情况下，与大部分记录的组件有关的时间戳信息是强制性的。通常建议每个事件或数字对象都包含时间和日期信息。

7.5 保存计划

7.5.1.1 如上所述，保护计划是即使在计算存储和访问环境过时的情况下也能确保数字音频对象保持长期可访问的规划和准备。对于仅需保存自己的数字音频对象的小规模藏品馆来说，保存计划是一项相对简单的任务。通过明确数字存储库中的原始和保存副本之间的关系，上述捕获的元数据会记录有关保存的决策。技术信息有助于规划。选择 BWF 作为保留格式，可以确保在需要进行任何格式迁移之前有尽可能长的时间。只有藏品经理和馆长才能通过与 IASA 等协会的联系，了解数字归档领域发生的变化。

121

7.6 档案存储

7.6.1.1 从技术上讲，档案存储系统位于存储库下方，包括一系列子进程，如存储介质选择，存档信息包（AIP）传输到存储系统，数据安全性和有效性、备份、数据恢复以及将 AIP 复制到新介质中。

7.6.1.2 档案存储的基本原则可概括如下。

7.6.1.2.1 应该有多个副本。系统应支持同一项目的多个副本。

7.6.1.2.2 副本应远离主系统或原系统，且彼此远离。副本之间的物理距离越大，在发生灾难时越安全。

7.6.1.2.3 应该有不同类型介质的副本。如果所有副本都在单一类型的载体（例如硬盘）上，那么单一的机械故障破坏所有副本的风险将是巨大的。可通过使用不同类型的载体来分散风险。IT 专业人员通常使用数据磁带作为第二（后续）副本。

7.6.1.3 数据存储系统的主要成本不是硬件，而是分级存储管理（HSM）系统。档案存储的 OASIS 功能将 HSM 的概念嵌入概念模型中。当时写 OASIS 时，并没有设想到大量的数据会以其他方式进行经济实惠的管理。实际上支持 HSM 需求的存储介质的成本不同，例如磁盘存储昂贵，磁带存储则便宜得多。在这种情况下，HSM 提供了虚拟的单一信息存储，而在现实中根据使用和访问速度，副本可以分布在多种不同的载体类型中。

7.6.1.4 然而，光盘的成本以比磁带的成本更快的速度下降，直到价格相近。因此，HSM 的使用成为一种可行的选择。在这种情况下，包含硬盘阵列上的所有数据的存储系统，所有数据也存储在多个磁带上，特别是对于中小型数字音频系统来说这是一个非常实惠的提议。对于这种类型的系统，全功能的 HSM 是不必要的，它只需要一个更简单的系统，用于管理和维护复制位置信息、媒体年代和版本（Bradley，Lei 和 Blackall，2007）。

7.7 实用的硬件配置

7.7.1.1 以下信息描述了如何实现一个实用的系统。如上所述，假设所有的音频存档数据将被存储在硬盘驱动器上，并且所有音频档案数据也将被镜像在诸如 LTO 的数据磁带上。

7.7.2 硬盘驱动器

7.7.2.1 磁盘上用于数据存储的一种常见且经济实惠的方法是链接到安装在 RAID 阵列中的一组 HDD（硬盘驱动器）（见 6.3.14）。RAID 1 仅仅是镜像的两个驱动器。在不同的物理硬件上保存两份数据备份；如果一个磁盘发生故障，则在另一个驱动器上还可以使用。更高级的 RAID 阵列（2～5）更大地实现了复杂的数据冗余和奇偶校验系统，确保了数据的完整性。较高级别的 RAID 阵列与 RAID 1 或者说镜像具有相同的安全级别，但存储空间大大减少。例如，与 RAID 1 的 50% 相比，RAID 5 可能具有 25% 的存储损耗（或由于实施方式而更少）。复杂的阵列已得到广泛使用。

122

7.7.3 磁带备份

7.7.3.1 数字系统的单个组件是不可靠的，需要通过每个阶段的多个冗余副本来实现系统的可靠性。存储链中最后最重要的组件是数据磁带。最近以来，由于这个原因，LTO 已经得到广泛应用（见 6.3.12），然而根据具体情况，其他数据磁带格式也可能适用。

7.7.3.2 磁盘存储上的所有数据应复制在合适的存储磁带上。必须生产至少两套数据磁带，以便物理存储在不同的地方。尽管在数据恢复中很少会需要第二套磁带，但是许多已建立的存档都制作了三套副本，其中两套可以保留在系统附近以方便访问，而第三套远程异地存储以防止物理损坏。应该使用不同的产品制造单独的数据磁带组，且这些产品是同一时间批量购买的相当数量的相同批次产品，这已经成为惯例。这样，当某批产品出现故障时，会使得质量控制和救援措施变得更加容易实施。如果系统包含多个存储设备，适当的卷管理软件将有助于备份和检索。

7.7.3.3 错误检查在开源和低科技解决方案中难以实现，因为该功能与特定硬件相连。尽管如此，下面描述了一种技术含量不高的错误测试的可能替代方法。数据管理软件有一个目录（附带打印机）。硬盘（在 RAID 中）包含一整套数据。所有数据都复制到相同的磁带副本上。至少要有两套副本。当数据被复制到磁带上时，唯一的标识符被打印到附在磁带上的标签（人类可读）上。相同的标识符可以记录在磁带的标题上。数据管理系统可以被脚本化以提示用户找到并插入系统所标识的磁带。系统将验证磁带与硬盘的内容，而不是检查磁带是否有错误。硬盘可以检查自己的数据内容的真实性，并且知道自身的任何缺陷。如果磁带的验证失败，则系统可以从硬盘生成新的磁带。假设 20TB 的存储空间，系统将每天验证两个磁带，每个磁带及其副本可以每年验证三次。如果磁盘故障需要数据磁带来替换，则会有两个在过去四个月内已经检查过的磁带可供使用。磁带和硬盘同时失败的风险非常低。

7.7.4 单（双）操作存储系统

7.7.4.1 最简单的档案存储系统是将仅包含音频数据的单独的 RAID 阵列附加到主 DAW（数字音频工作站）中。这种配置只适用于数字化过程中只有一名操作者的机构。这种方法的成功依赖于一个结构良好的数字化计划和专用的磁盘阵列，以便连续执行工作，而不会出现重大中断。这将确保在达到填充目标介质的数据量时，连接到 DAW 的 HDD 将不断复制到磁带。

7.7.4.2 如果两个操作者和工作站完成数字化任务，则需要提供对共享驱动器或驱动器的访问。通过将其中一台计算机定义为服务器，并配置以便管理驱动器，实现单一的线路共享功能，则可以实现这种资源的共享。这种方法相对容易实现，并允许两个操作者之间的共享，尽管它需要一些程序性协议来避免冲突。数据的逻辑组织和严格的命名程序是小规模手动存储系统的必要条件。 123

7.7.4.3 如果建立的是一个本节描述的大小的系统。那么与更大的档案机构建立合作伙伴关系或者与存储服务提供商签订合同将更为有效。尽管如此，上述方法依然可行。

7.7.5 多个操作存储系统

7.7.5.1 对于任何数量大于 2 的连接，都应实施联网的数据存储和备份系统。这样的网络系统允许根据数据管理系统设置的规则来访问多个用户。小规模网络相对普遍，具有适当的知识水平，方便实惠，易于实施。可以通过企业级附加存储设备实现合理的存储量。存储技术和产品可分为三大类：直连式存储（DAS）、附网存储（NAS）和存储区域网络（SAN）。NAS 比 DAS 具有更好的性能和可扩展性，并且在配置上比 SAN 更便宜和更简单。NAS 技术从成本效益的角度来看，是正在讨论的大小的系统中最适合的可扩展技术。

7.7.5.2 与较昂贵的设备相比，大多数低成本的 NAS 设备带宽减少，导致访问时间较慢，或者允许的同时访问可用性数量较少。对于较小的收藏机构，这不是主要问题，因为同时访问的需求仍然很低，尤其是还可以通过使用保存母本的 MP3 格式的衍生产品进行访问。

7.7.5.3 典型的小规模网络存储系统可以包括连接到 NAS 设备的服务器级台式计算机。NAS 可以在 RAID 阵列中安装多个硬盘。平均低成本的 NAS 将占用 0.5 ~ 20TB 的磁盘存储空间（注意 RAID 比原始磁盘大小所指示的存储量少）。数字音频工作站（DAW）通过以太网交换机或类似设备访问 NAS，如果配置正确，则具有将存储设备与办公室局域网（LAN）分离的效果，并提高存储设施的安全性。HDD 将被备份到数据磁带上。

7.8 风险

7.8.1.1 自动存储系统可以配置为不断复制和更新数据，丢弃已变得不可靠的数据磁带。大型数字海量存储系统由资源丰富的机构专业设计和运行，可以负担并保证数据安全的所有必要措施。通过手动数据备份和恢复系统，与自行设计和自我管理的手动和半自动数字化系统相关的数据丢失的危险性不容小觑。人们需要定期检查数据磁带，确保归档音频数据保持有效性和可访问性。众所周知大多数研究和文化机构资金不足，因此这一情况尤为严重。

7.8.1.2　尽管这样的系统设计似乎包含了很高的冗余度，但是必须记住，数字组件和载体可能会在任何时刻失败而没有任何警告。因此，必须在数字化过程的任何阶段进行存储，线性归档文件存储最少两个副本。任何缺陷都将不可避免地导致少量或大量数据的减少，但如果已经制定了适当的策略，这就不再是致命的缺陷，因为冗余副本依然是可用的。考虑到迁移过程的时间，更不用说旧材料的不可避免的损失，必须尽力避免由于不一致的安全架构或具体操作中粗心大意的行为而需要将材料重新数字化。

124

7.8.2　系统的复杂性

7.8.2.1　数据存储系统一旦实施和安装，操作和维护就变得相对容易。然而，在实施的初始阶段，以及任何后续问题或升级时，强烈建议由专业的 IT 支持来减少设置不当的风险。

7.8.3　合作与备份

7.8.3.1　正如已经讨论的那样，与具备数据备份能力的机构就建立可信数字档案实践开展合作是主要的风险管理手段。创建和接受这种有组织的信息包的存储库网络将是一个最有效的保存策略，可分散由自然灾害或人为灾难或在数字对象生命周期的关键时刻因缺少资源带来的失败的风险。

7.8.4　成本与扩展

7.8.4.1　添加上述小规模系统可以加强存储和管理能力。可以使用可处理多个数据磁带的相对较小的磁带驱动器，较大规模的机器人系统可以使系统具有可扩展性。如果硬盘成本持续下降，替换和扩展磁盘阵列的成本也还可以承受。

7.8.4.2　商业供应商和开源提供商之间的合作关系意味着存储库软件的复杂性可以与商业服务提供商的安全性相结合。例如，DSpace 和 FEDORA 都发布了一个与商业存储解决方案公司合作的开源系统。

7.8.4.3 与购买单个 CD 刻录机相比，建立小型数据存储系统的成本可能看起来相对较高，但是对于存储超过几百小时音频资料每比特进行比较，对归档的所有要求进行成本计算时，相对差异会大大降低。此外，正确管理的数据存储设备是一个更可靠的系统，在必要时可以将音频数据传输到另一个存储解决方案中。

125

第8章[①]

光　盘

8.1　可刻 CD/DVD

8.1.1　概述

8.1.1.1　可刻 CD（CD－R）和可刻 DVD（DVD－R/＋R）已经成为多种音频和音视频材料录制和发行不可或缺的一部分。虽然 CD 和 DVD 目前只是许多经济可靠的存储技术之一，但由于许多原因，比如易用性和广为人知，该存储格式仍然很受欢迎。CD 最初作为完美的永久性载体进行销售；但没过多久，随着许多早期光盘的失效，这种说法难以成立。即使随着技术发展，许多早期制造过程中的问题得到了改善，但仍不能保证永久性存储。事实上，数字存档专家基本达成共识，不存在永久性存储的载体。相反，在获取数据、将数据转移到存储系统、管理和维护数据以及提供访问和确保所存储信息完整性的这些过程中会产生一系列新的风险，必须控制这些风险才能确保数字保存和归档的益处得到实现。如果不能适当地控制这些风险，可能会导致数据价值和内容的严重损失。

8.1.1.2　可刻 CD 和 DVD 通常被选为档案载体；然而，与其他存储方法

① 本章 8.2 节编号有误，未作修改，理由同上。——译者注

相比，基于这种类型技术的存储系统发生故障的风险很高。具有合适数字存储库管理软件的集成数字海量存储系统被认为最适合数据的长期可持续存储。但是在有些情况下，管理员也可能会决定使用光盘进行存储。

8.1.1.3 考虑到这些限制因素，在遵守以下建议的情况下，可以使用可刻光盘作为可靠的短期存储载体。

8.1.2 CD－R 和 DVD－R 记录格式

8.1.2.1 有两种不同的方法可以将音频和视频编码到可刻 CD 和 DVD 上，一种是音频“流”，另一种是数据文件。采用第一种方法时，声音以 CD－DA 音频格式记录，这就使得它们可以用普通的 CD 播放器播放，或者编码到 MPEG 格式的 DVD 上，这样的话可能不是所有标准的 DVD 播放器都能播放。独立的刻录机只能刻录这些格式，而基于计算机的设备（既）可以以这些标准形式刻录光盘。使用这些格式严重限制了在线访问的可能性，而且选择此方法可能会在下一次需要更换载体时产生迁移问题。不建议以长期存储的目的刻录音频流。

8.1.2.2 另一种方法是使用基于计算机的音频编辑系统录制文件，并将该文件写入 CD－R 或 DVD－R，这是一种更可靠的方法。在 650 MB容量的 CD－R 上，可以刻录存储 59 分钟的 48 kHz、16 bit 线性 PCM 音频文件，或 39 分钟的 48 kHz、24 bit 线性 PCM 音频文件。在 4.7 GB 容量的 DVD－R 上，可以刻录存储最长 6 小时相同格式的音频文件，因此建议以数据文件的方法刻录。鉴于线性 PCM（立体声交错）的使用简单普遍，IASA 建议，如果选择可刻 CD 和 DVD 作为目标格式，则应使用 .wav 或者最好是 BWF.wav 文件（EBU Tech 3285）。

8.1.3 可刻性、可重写性、可擦除性和可访问性

8.1.3.1 CD－R、DVD－R 和 DVD ＋ R 光盘是染料型可刻（一次写入）

光盘，但不可擦除。CD－RW、DVD－RW和DVD＋RW光盘是相变型可反复重写的光盘，允许擦除早期数据并将新数据刻录在光盘的相同位置上。DVD－RAM光盘是相变型可重写光盘，经格式化可以随机访问，非常像计算机硬盘。

8.1.4 可刻CD和DVD说明

8.1.4.1 CD－R和DVD－R/＋R采用从光盘中心向其周边以螺旋形运行的微型凹槽存储数据。所有类型的CD/DVD驱动器均使用激光束扫描这些凹槽。它们的差异在于激光束的波长不同：DVD使用的轨道间距较窄，为0.74μm，而CD的轨道间距则为1.6μm。DVD还使用了新的调制和纠错方法，CD则没有。

8.1.4.2 CD和DVD的机械尺寸相同：直径120mm，厚1.2mm。但DVD由两个0.6mm厚的光盘黏合组成在一起。

8.1.4.3 CD－R和DVD＋R由三层组成：透明的聚碳酸酯基材、染料层和反射层。在CD－R光盘中，反射层靠近光盘的标签一面，其脆弱的表面覆盖保护漆。DVD－R的反射层位于两个聚碳酸酯层的中间。在刻录过程中，比读取激光强度更高的激光根据编码信号“烧录”有机染料，留下一排微小的透明和不透明的区域，沿光盘中的凹槽排列。所有的可刻CD和DVD均包含一个反射层，允许读取激光并从CD/DVD上反射，且由CD或DVD重放装置中的拾取传感器“读取”。虽然许多金属均适合用作反射层，但是只有两种在可刻CD和DVD上被广泛使用：金或银。刻录的染料槽与反射层联合对读取激光进行调制，与注塑成型的凹坑、台以及CD－ROM的反射铝层调制方式相同。

8.1.4.4 可刻光盘中使用的三种常用有机染料为花青、酞菁和偶氮染料。在可刻CD中，每种染料均会给予介质独特的外观，这取决于采用哪种金属制造反射层；花青（蓝色）染料在金介质上呈绿色，银介质上呈蓝色；酞菁（透明浅绿色）染料在金介质上呈透明状，但在银介质上呈浅绿色；偶氮（深蓝色）染料已经发展成深浅不同的蓝色，原来是深蓝色，但最近的超级偶氮染料是更明亮的蓝色。因为在可刻 DVD 上所用的染料层非常薄，所以可刻 DVD 上的染料类型不容易区分。然而，可刻 CD 和 DVD 的制造商会将关于染料类型的信息编码到聚碳酸酯层中。CD 和 DVD 刻录机使用这些信息来校准激光功率，而且用户可以通过使用合适的软件读取这些信息，以便更准确地描述光盘自身各方面的信息。这些数据可以由 ISRC 和 ATIP 代码查看器读取，比如 CD 介质代码识别器（http：//www. softpedia. com/get/CD - DVD - Tools/CD - DVD - Rip - Other - Tools/CDR - Media - Code - ldentifiershtml）。借助该工具，用户可以查看染料类型、光盘制造商、容量、写入速度和介质类型等信息。Clover 公司还提供免费软件 ISRCView（http：//www. cloversystems. com/ISRCView. htm），该软件将在音频、混合模式和增强版光盘上显示目录、控制代码和 ISRC 代码。它比 CD 介质代码识别器提供的制造商信息要少得多。

127

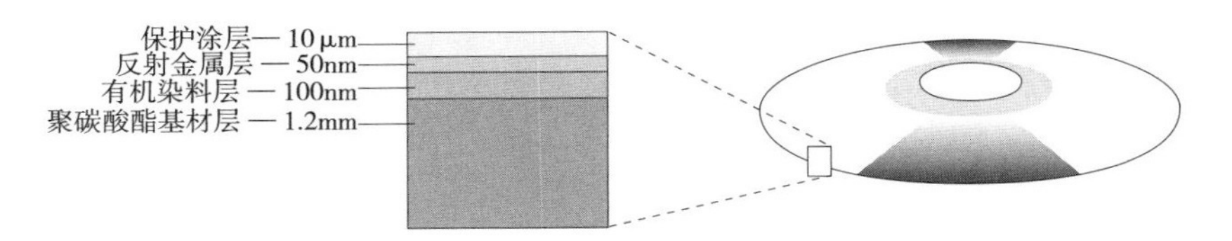

图 1　CD - R 示意图（不按比例）

8.1.4.5　可重写 CD 和 DVD 以完全不同的原理运行。可重写光盘可擦除，也可重写，尽管次数有限。可刻录层采用锗、锑和碲制成，使用激光将表面加热到两个设定温度。较高的温度被称为熔点（约 600℃），而较低的温度（约 350℃）被称为结晶温度。将光盘加热，并控制冷却速度，从而产生非结晶或结晶轨道区。由于反射率不同，这些区域将由读取激光解读，像 CD - ROM 的坑/台结构一样。早期的可重写光盘和驱动器只能以相对较慢的速度写入，并且采用第一代驱动器和标准进行编码和读取。最近的开发成果可以更高速度将数据刻录到可重写光盘上。虽然之前的驱动器也可以读取新式高速可重写光盘，但只有最新一代的光盘刻录机才能写入最新的光盘。

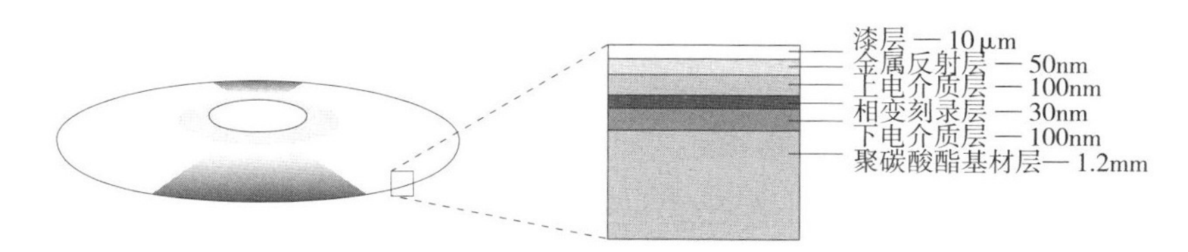

图 2　CD－RW 示意图（不按比例）

8.1.4.6　目前尚无人对 RW 光盘的中长期可靠性进行可靠分析。初步调查表明，含有编码信息的胶片层可能退化得比基于染料的 CD－R 更快（Byers　2003:9），但其他评论者则不同意此结论。从纯实践的角度来看，就资料保存目的而言，CD 和 DVD 可能存在较大的风险，因为它们可能被意外覆盖，从而导致原始文件丢失。

8.1.5　光盘标准

8.1.5.1　遵守标准是确保光盘可以在不同制造商的机器上写入或播放的机制。制造商有责任按照特定的标准制造光盘。然而，这些标准并不是针对载体寿命或可靠性制定的，而仅针对格式交换制定。因此，在特定机器上刻录和播放的光盘实际上仅达到标准的最低限，甚至可能不符合适用的标准。因此，尽管制造商负责制造光盘，但只有最终用户按照这些标准设定的参数进行适当的数字拷贝，任何信息存储介质才能达到潜在的使用寿命。仅仅技术达到标准并不足以确保光盘达到最佳寿命。　128

8.1.5.2　以光盘和刻录机兼容性的问题为例，说明存储在光盘上的数字信息需根据标准产生。这些标准适用于刻录介质，而不是重放和刻录技术。Philips 公司警告光盘刻录机制造商："必须实施能达到可接受结果的写入策略。”然而，这可以有多种理解，导致不存在统一的合规做法。Philips 公司和 Sony 公司曾试图用制造商识别码（MID）来解决这个问题。然而，可刻介质的生产性质意味着，MID 记录的唯一信息是光盘生产中使用模片的制造商名称。因此，它没有解决光盘和刻录机交互的问题，这仍然是一个问题。

8.1.5.3 可刻 CD 的适用标准包括橙皮书第二部分中的“CD－R 第一卷 CD－WO（一次写入 CD)”，也被称为描述 1x、2x 和 4x 标称 CD 速度的 CD－R 标准；橙皮书第二部分中的“CD－R 第二卷：描述速度高达 48x 标称 CD 速度的多速 CD－R（可刻录 CD)”；橙皮书第三部分中的“CD－RW 第一卷 CD－RW（可重写 CD)”，即描述 1x、2x 和 4x 标称 CD 速度；橙皮书第三部分中的“CD－RW 第二卷：描述 4x 和 10x 标称 CD 速度的高速 CD－RW（可重写 CD)”；橙皮书第三部分中的“CD－RW 第三卷：描述 8x 和 32x 标称 CD 速度的超速 CD－RW（可重写 CD)”；相关标准还有绿皮书《光盘交互全功能规范》和白皮书《视频 CD 规范》，以及其他专有 CD 格式的标准。

8.1.5.4 适用于可刻 DVD 的标准包括“ISO/IEC 16824:1999 信息技术——120mm 可重写 DVD 光盘（DVDRAM)”；“ISO/IEC 16825：1999 信息技术——120mm 可重写 DVD 光盘（DVD－RAM）的外壳”；“ISO/IEC 17341:2004 信息技术——80 mm（每面 1.46 GB）和 120 mm（每面 4.70 GB）可重写 DVD 光盘（DVD ＋ RW)”；“ISO/IEC 17342:2004 信息技术——80mm（每面 1.46 GB）和 120mm（每面 4.70 GB）可重写 DVD 光盘（DVD－RW)”；“ISO/IEC 17592:2004 信息技术——120mm（每面 4.7 GB）和 80mm（每面 1.46 GB）可重写 DVD 光盘（DVD－RAM)”；“ISO/IEC 17594:2004 信息技术——120mm 和 80mm

DVD－RAM 光盘（DVD－RAM）的外壳”；“ISO/IEC 20563：2001 信息技术——80 mm（每面 1.23 GB）和 120mm（每面 3.95 GB）的可刻 DVD 光盘（DVD－R）”；“ISO/IEC 16969：1999 信息技术——使用＋RW 格式的 120mm 盒式光盘的数据交换——容量：3.0 GB 和 6.0 GB”；“ISO/IEC DTR 18002——DVD 文件系统规范”；“ISO/IEC 13346，可刻/可重写卷和文件结构（ECMA－167）”和“DVD＋R－可刻光盘，4.7 GB，刻录速度高达 4x（ECMA－349）”。

8.1.5.5 这些标准是 5.6.2 节中所述标准的补充。

8.1.6 系统说明、复杂性和成本

8.1.6.1 如第 2 章所述，几乎所有近几代的计算机都具有足够的能力来处理大音频文件。在满足第 2 章规定的与音频数据转换和获取设备相关的所有系统标准的前提下，运行此类系统的难度和所需的专业知识水平与操作台式计算机基本相当。有许多符合规定标准的可靠 CD 和 DVD 刻录程序可用。

8.1.6.2 刻录机（驱动器）是生产可刻 CD 或 DVD 所需的唯一辅助设备。可将驱动器安装在计算机机箱中或与计算机单独相连。驱动器根据各协议（例如：内部驱动器用 IDE 和 SCSI，独立连接用火线或 USB）与计算机通信。有些驱动器可制作出相较于其他驱动器误码率更低的 CD－R 和 DVD－R，因此工作人员应负责在购买前对光盘刻录结果进行评估和分析（见 8.1.9）。

129

8.1.6.3 凭借其系统复杂性低、技术可用性高以及介质价格低廉等特点，CD－R 和 DVD－R 在声音档案馆中广受欢迎。但是，如第 6 章所述，如果分摊到整个馆藏（即使是较小的馆藏），使用可靠数据存储系统的成本（比使用 CD－R 和 DVD－R）将更低。

8.1.7 光盘和驱动器兼容性

8.1.7.1 在将数据刻录到可刻、可重写 CD 和 DVD 时，可能存在光盘和驱动器之间的兼容性问题。通常会出现在特定驱动器上制作的光盘产生质量极差的副本或无法在其他驱动器上读取的情况。针对该问题的测试显示，故障率可能非常高。国际标准化组织项目《电子成像——光介质存储信息的分类和验证》（ISO NI 78）可以解决驱动器兼容性的具体问题。

8.1.7.2 性能较差可能涉及诸多因素：早期驱动器的激光功率不能适应新出现的各类光盘；为染料型光盘设计的驱动器通常无法读写可重写光盘；软件问题、零件老化（尤其是激光器）以及装配不当均可能导致不良后果；编码到聚碳酸酯基底层的校准信息不一定非常精准。但是，即使考虑到这些问题，大量出现的问题也只能解释为技术不兼容。各设备制造商对光盘读取标准的实施略有不同，光盘质量也有差异，这意味着在光盘和驱动器不兼容的情况下，特殊组合可能导致某一品牌光盘或某一批光盘出现故障。

8.1.7.3 为了确保驱动器和光盘兼容，建议用选定的驱动器对各品牌质量可靠、声誉良好的光盘进行刻录，并对这些光盘进行测试，以确定错误级别。以下章节将进一步讨论。

8.1.8 光盘选择

8.1.8.1 共有三种基本类型的染料可用于一次写入光盘，即酞菁染料、花青染料和偶氮染料。酞菁染料光盘制造商宣称相较于其竞争者们，他们的产品使用寿命更长。虽然不是全部初始测试，但是部分测试支持该观点。一些制造商将偶氮染料用于光盘，宣称这些光盘可长期存档。花青染料是为光盘记录所开发的第一种染料，大部分制造商通常认为其预期寿命（LE）较短。染料类型虽然重要，但这仅是用于决定介质寿命的其中一个元素。

8.1.8.2 制造商为了比拼更快的刻录速度和更高的记录密度，导致他们在染料层中使用不同的染料量，这是可刻光盘长期故障的影响因素。刻录速度已从 1X 增加至 52X 并且仍在继续加快中，而 CD－R记录密度已从 650MB 提高至 800MB。应当注意的是，高刻录速度光盘使用的染料更少，这表示预期寿命较短。DVD－R 当然使用较少的染料，因为写入可刻录 DVD 时的数据速率比 CD－R要高得多。

130

8.1.8.3 但是，这不仅仅是降低速度的问题；如果染料层密度较大（为低速写入优化）的光盘以较高的速度写入，那么其误码率将更高。虽然制造商标注了最大刻录速度，但以最大刻录速度写入时，不会达到应有的效果。制作的光盘以最佳写入速度能获得关于性能的最佳技术测量。最好使用可靠的光盘检测仪进行试错法测量，确认最佳写入速度。通常，在高密度染料层光盘中以大约 8X 速度写入会获得最佳结果。

8.1.8.4 在最理想的情况下，空白可刻 CD 和 DVD 介质的质量也各不相同。可刻 CD 和 DVD 制造工业已成为薄利多销的市场。可刻 CD 和 DVD 制造设备越来越小、越来越廉价、越来越独立。因此，适用于优质市场的可靠数据载体，其生产已被可刻 CD 和 DVD 制造商所取代，制作适用于低成本市场的可刻 CD 和 DVD。

8.1.8.5 事实证明许多著名品牌的光盘由乙方制作并重新包装出售。可刻 CD 或 DVD 制造商能够通过染料、反射层以及高成本的聚碳酸酯基材降低价格或控制质量。通常建议采购值得信赖品牌的可刻 CD 和 DVD；但是，测试证明，即使是这些品牌的光盘，它们的合规程度也不同。所以，建议负责人或机构必须坚持选择公布其进口商或制造商的供应商进行交易，这类供应商能够与制造公司相关技术人员进行联系。应当退回不符合下文所列标准的光盘。

8.1.8.6 在没有高精度分析仪的情况下，确认最佳质量介质较为困难

（Slattery et al. ，2004）。在大部分实际情况中，必须在测试前刻录光盘。一些质量极高的 CD 和 DVD 测试设备能分析空白光盘，但是大部分测试是先刻录测试信号，再分析结果。“ISO 18925：2002”、“AES 28 – 1997” 或 “ANSI/ NAPM IT9. 21” 规定了用于确定 CD 预期寿命的标准测试方法，而 ISO 18927：2002/AES 38 – 2000 是根据温度和相对湿度对可刻光盘系统的影响来评估预期寿命的方法标准。由于温湿度老化试验并不总能产生明确的结果，其他方法会重视可刻染料光盘对曝光和老化的敏感性，一些制造商进行了该方面的测试。但是，尚未有相关标准（Slattery et al. ，2004）。

8. 1. 8. 7　光盘选择总结

8. 1. 8. 7. 1　根据市场调查，购买一系列优质光盘。

8. 1. 8. 7. 2　每种类型均购买至少两张（虽然价格不一定作为指标，但是始终记住相较于数据价值，即使是最昂贵的光盘也是便宜的）。

8. 1. 8. 7. 3　在受控条件下，在每张光盘上都刻录一些数据。

8. 1. 8. 7. 4　测试光盘是否按照本指南中的规范执行。所有光盘必须超过推荐的质量标准（见表 1）。

8. 1. 8. 7. 5　在各种写入速度下进行测试。

8. 1. 8. 7. 6　考虑光盘和刻录机的兼容性：不同的刻录机产生不同的结果。

131

8. 1. 8. 7. 7　选择三个最佳光盘（至少包括两种染料类型，即酞菁染料和偶氮染料）。

8. 1. 8. 7. 8　在三个选定光盘上刻录完全相同的数据。

8. 1. 8. 7. 9　确保购买与测试光盘样本完全一致的光盘。

8. 1. 8. 7. 10　每购买一批光盘，都应进行测试。

8. 1. 9　错误、预期寿命、测试与分析

8. 1. 9. 1　定期进行综合测试是了解数字藏品状况的唯一方法。这一点怎样强调都不为过；使用 CD－R 或 DVD－R/＋R 作为档案载体的藏品必须配置可靠的检测仪。大部分重放设备的纠错能力可掩盖恶化状况，直至错误无法纠正。在到达该点时，所有后续副本都会出现不可逆转的缺陷。另外，综合测试机制基于数字归档中的已知目标和可测参数规划最佳保存策略。在记录完好的数据档案中，元数据将记录所有对象的历史，包括错误测量和任何重要的纠正记录。

8.1.9.2 CD－R 或可刻 DVD 的预期寿命各不相同。对于大多数最终用户，当驱动器不再辅助再现记录在光盘中的数据时，CD－R 或 DVD－R/＋R 的使用寿命即将到期，但是由于驱动器不受标准所限，在一个驱动器上不能播放的 CD/DVD 在另一个驱动器上可能播放得很顺利。存在大量相关示例。《光盘（CD－ROM）预期寿命——基于温度和相对湿度影响的评估方法》（ANSI/NAPM IT9.21－1996）对这些问题进行了讨论。或者，一些标准和供应商规定了可接受的块错误率（BLER）。BLER 是指超过 10 秒的测量周期中，以标准数据速率（1×）回放，在 CI 解码器（见 ISO/IEC 60908）的输入处每秒测得的错误块数量的平均值。ISO/IEC 10149 和 ANSI/NAPM IT9.21－1996 标准或红皮书标准规定最大块错误率为 220。将通用数据刻录在 CD 的标准（也称作黄皮书标准）规定 BLER 为 50。对于数据而言，黄皮书规定的较低的块错误率至关重要。

8.1.9.3 研究显示，在确定 LE 时，仅使用 BLER 不是非常有用的措施，这是因为有缺陷的光盘也会显示 BLER 远远低于 220 或事实上低于 50。必须测量其他测试数据，包括 E22、E32（不可校正错误）和帧突发误码（FBE，也称作突发误码长度或 BERL），以上均为寿命到期指标。假设包含存档信息的光盘仍然可读，当这些参数超过下述规定之限值时，也需要立即复制。

8.1.9.4　存档 CD－R 中的错误不应超过下表中的规定。这些均为最高值，在此之后必须复制 CD－R。事实上，能够实现且最好保持远远低于这些数值的错误级别，而且为了使光盘在需要进行重新复制前能够保存一段时间，必须满足该要求。平均值为 1 的块错误率和不大于 20 的最高块错误率均可轻易实现。此外，抖晃也是用于显示刻录在 CD 中的数据质量的有效诊断指标，并且在写入后，应当予以测量。3T 抖晃值不得超过 35 nS（Fontaine and Poitevineau，2005）。

表 1　档案级 CDR 中的最大错误级别

帧突发误码（FBE）	<6
块错误率（BLER）平均值	< 10
块错误率（BLER）最高值	< 50
E22（可校正错误）	0
E32（不可校正错误）	0
3T 抖晃	<35nS

8.1.9.5　DVD 的制作与 CD 极为不同，虽然二者在很多方面都有相似之处，但是许多适用于 CD 的标准并不适用于 DVD。DVD 的抖晃通常以百分比表示。虽然测量单位不同，但是两种光盘的实际抖晃测量大致相同；然而，主要错误测量却极为不同。两种主要 DVD 的两种主要错误测量分别是奇偶校验内码错误（PIE）和奇偶校验外码错误（POE）。行业标准规定 POE 应为零。虽然规定了其他类型的错误测量，但是在本指南写作时，尚无为存档目的规定的统一的阈值。DVD 规范还规定任意八个连续 ECC（错误校正编码）数据块（PI Sum8）的 PIE 最大为 280，而且抖晃不应大于 9%。但是，关于可刻 CD 的使用，根据存档经验和测试，建议最大错误级别约为红皮书建议值的 25%。根据对 DVD 数字的推断，建议任何八个连续 ECC 数据块的 PIE 最大为 70。应注

意的是，没有对可存档状态中的可刻 DVD 进行大量试验以评估这些数值的有效性。

8.1.9.6 初步调查显示可刻 CD 不一定会以线性方式出现故障，因此，对初始误码率的较小的修改可能会对光盘的使用寿命产生较大的影响。若干测试显示情况是这样的（Track，2000；Bradley，2001），但是，对于该命题尚未进行进一步的验证。对光盘记录长期进行的“纵向”检查结合人工老化实验可能会得出更全面的关于光盘稳定性因素的信息。缺乏一致研究的一个因素正是在 CD/DVD 驱动器生产方面缺乏统一的标准。

8.1.9.7 黑色实线与虚线的对比（见图3）显示初始记录越完善，预期使用寿命就会越长。若干测试显示情况是这样的（Track JTS，2000，Bradley IASA/SEAAPAVA，2001），但是并没有相关的经验证据。虚线（始于较高错误级别）以同样的速度递减，但是越早开始，便会在更短的时间内达到故障级别。对光盘记录长期进行的“纵向”检查结合人工老化实验可能会得出更全面的关于光盘稳定性因素的信息。缺乏一致研究的一个因素正是 CD/DVD 驱动器生产方面缺乏统一的标准。

8.1.9.8 光学介质是一种复合材料，包含有机染料和其他化合物等成分，因此这些光学载体势必会因缓慢化学反应而退化。选择光盘作为目标介质需要制定光盘监控程序和对接近 LE 极限的光盘的再复制程序。除非制定严格的测试和监控程序，否则不提倡将可刻、可重写 CD/DVD 用作存档载体。需要注意的是，虽然绝对有必要，但是测试和分析会耗费大量时间，从而对存档解决方案增加长期成本。制定存档策略时须考虑这些成本。应保存测试结果记录，可每年偶尔对适当数量的承载档案信息的存储光盘进行测试。当误码率增大时，可将同一阶段或类型的所有光盘转移到一个新的载体上。

133

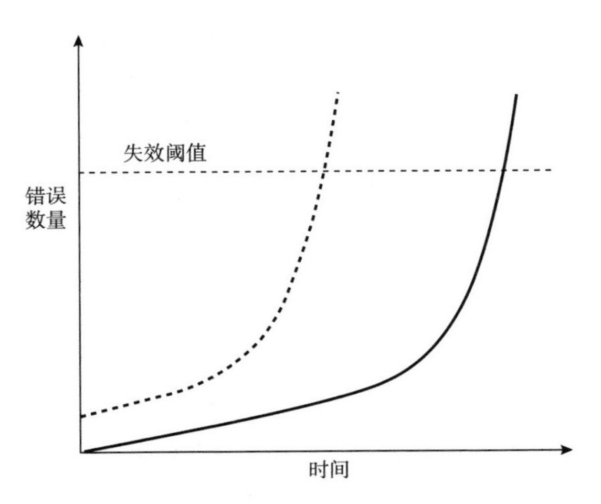

图 3　CD－R 中随时间变化的累积错误

8.1.9.9　测试总结

8.1.9.9.1　写入时测试所有光盘。

8.1.9.9.2　拒收不符合规范的所有光盘。

8.1.9.9.3　存储所有光盘的相关测试记录。

8.1.9.9.4　定期对不同批次相当数量的存储光盘进行测试。

8.1.9.9.5　误码率增大时再复制光盘。

8.1.10　现存已刻录光盘的测试

8.1.10.1　如果在创建时未对可刻 CD 或 DVD 上的资料数据进行测试，则在当前状态下予以测试至关重要。由于光盘当前误码率对决定其预期寿命起重要作用，因此光盘必须经过严格的错误测试。如果误码率经测试在表 1 所示水平以上，则应立即将内容转移到新介质上。

8.1.11　测试设备

8.1.11.1　建议使用配有专用或（至少）规定驱动器的专业测试设备，准确测试 DVD 和 CD。这些系统较贵，但若要实现准确、可靠且可重复的错误测量，则必不可少。测试至少应符合《电子成像——数字数据光盘存储数据验证用介质错误监测与报告技

134

术》（ISO 12142）的要求。但是，这些测试不会解决光盘驱动器缺乏标准化的问题。本指南写作时有一个国际标准化组织的标准项目，即《电子成像——光介质存储信息的分类和验证》（ISO N178），其可解决驱动器兼容性这一具体问题。虽然网络上有测试软件可用作共享软件，但在存档环境下使用前应予以谨慎评估。这些基于软件的系统依赖非标准计算机驱动器的准确性。如果规定使用基于计算机驱动器的测试系统，则光盘制造商提供的专用系统可能会更有用。至少有一家 CD/DVD 刻录机公司提供能用驱动器进行测试的软件。应该依据有名的的经校准的测试系统检查使用 CD 刻录驱动器的测试系统的测试结果，确保具有充分的合规性。

8.1.11.2　市场上可以购得优良的光盘测试设备，这些设备只能准确测量本指导文件中规定的参数。而且，测试这些参数得到的数据仅适用于发现问题。分析问题可能需要更高级的 CD 和 DVD 分析测试设备。解决问题、选择空白介质或校准内部测试装置时，通过租借获得这类设备将非常有用。

8.1.11.3　柯达公司（Kodak）在其网页文件《CD 的耐久性和保管》（Kodak，2002）中宣称其 95% 的 CD－R 将在办公环境下保存数据 100 年。这些测试结果常常为档案工作者所怀疑，许多档案工作者发现很难再复制测试，并且很难再得到相同结果。这可能归因于数据的不同解释和有关预期寿命预测方法有效性的一些争论。即使这些测试结果经证明是对的，且即便 CD 驱动器 100 年后还能用（当然这几乎不可能），档案中 5% 的失效率也是不可接受的。该结论也表明需要具备可以监控错误的程序。

8.1.11.4　准确、高质量生产控制测试仪

8.1.11.4.1　本指南写作时，基本模型使用准确、高质量生

产的控制测试仪的成本起步价格在30000美元左右，多个装置则增加到50000美元以上。成本由高质量参考驱动器产生，其对于准确和可重复测试必不可少。所有测试仪均面向光盘制造商市场，用于控制生产。实际价格取决于可测参数规模的范围，其中许多与测试可刻光盘的存档可靠性无关。现有3家高质量测试仪生产商：Audio Development（http://www.audiodev.com）、DaTARIUS（http://www.datarius.com）和Expert Magnetic Corporation（http://www.expertmg.co.jp）。制造商和供应商应就报价进行联系。

8.1.11.5　中等质量生产控制测试仪

8.1.11.5.1　本指南写作时，这些装置的成本范围在3000～11000美元或更高。这些系统利用经特别选择和校准的标准PC驱动器测试所有规定参数。建议潜在购买者在考虑该中等价位测试仪之前充分调查驱动器的类型和装置的准确性。另外，强烈建议依据已知标准对所有中等价位的系统进行定期校准。目前，中等质量测试仪的主要制造商是Clover Systems（http://www.cloversystems.com）。

135

8.1.11.6　可下载测试仪

8.1.11.6.1　网络上有许多可下载测试仪，即利用计算机内置CD/DVD驱动器测量已刻录CD和DVD内的错误。但是，鉴于软件的局限性和驱动器的不准确性，即使不是全部，大部分可下载的测试仪不适用于存档目的。

8.1.12　访问和数据迁移

8.1.12.1　离散载体如CD和DVD并不适合在线访问。利用馆藏时，需要工作人员对光盘进行执握。执握是这种介质的最大敌人之一。应始终只执握光盘边缘，不用时放置在外壳内。光作用于染料视为破坏因素，必须避免温度和湿度过高，否则可能加速光盘退化，严重情况下甚至造成聚碳酸酯层脱落（Kunej，2001）。光盘应存放在丙烯酸塑胶透明盒内，不得使用廉价塑料套，否则可能会形成有害于光盘的环境。

8.1.12.2 但是，以访问为目的地复制是一项简单的任务，可进行实时多次复制。市场上有自动唱机销售，利用适当的软件即可在线访问藏品，尽管复制到硬盘上可能更好。

8.2 磁光盘

8.2.1.1 TC 04 第一版（2004）中描述了可能作为目标格式的磁光盘。其发布时磁光盘已经达到了 9.1 GB 的容量。这一发展标志着该项技术的结束，因此该格式已濒临危险，其结果是介质和载体将变得难以获取，甚至完全消失。磁光盘上的所有内容均应迁移到适当的存储系统。

8.2.1.2 但是，此后又开发了一种新格式，称作超密度光盘（UDO），即它将使用与磁光盘相同的统一标准 5.25 英寸盘。这类光盘利用与 CD - RW. VV 相类似的相变技术，不同之处仅在其使用 MO 风格光碟盒来保护光盘。一些硬件系统允许在同一光盘库上同时使用 MO 和 UDO。采用蓝色激光（405 nm）在双面光盘上读写。第一代 UDO 于 2003 年秋季问世，具有 30 GB 的存储容量。目前 UDO 有 60 GB 的容量，来年有望达到 120 GB，而 500 GB 容量将是 UDO 的终极目标。

8.2.1.3 测试和阿伦尼乌斯外推法估计预期寿命达 50 年。如上文有关其他介质的讨论，该试验须谨慎考虑。更有可能的是，格式过时将是最终限制长期生存能力的因素。虽然 UDO 有部分拥护者，但该技术尚未渗透市场，因此用其进行长期存储存在风险。 136

8.2.1.4 尽管技术发展为长期保存我们的音频内容提供了路径，但负责档案馆藏保存和管理的管理员、档案工作者及技术员应在使用新技术时采取保守而谨慎的方法。 137

第9章[1]

合作关系、项目规划和资源

9.1.1 概述

9.1.1.1 数字音频对象的制作和长期保存包括很多相互关联的任务，且很多都非常复杂。本指南将这些任务定义为：提取音频内容创建长期保存的数字音频对象；将音频内容摄入数字存储系统，包括创建必要的元数据、数据管理和系统管理、长期存储、保存计划和访问。

9.1.1.2 一些机构有完成上述全部任务的设备，其馆藏数量也值得花费大量资金来购买这些设备。或者是寻找合作伙伴，代表馆藏拥有者完成部分或者全部任务。这些合作伙伴可以是其他大型机构、志同道合的机构或供应商。

9.1.1.3 第9章对根据本指南中提出的技术要求开展数字音频对象创建和保存工作所需的资源进行了调查。调查的过程考虑了馆藏大小和工作规模等事宜，认识到只有当相关机构拥有的馆藏量达到可以实现自主保存的情况的时候，才能专业地满足本指南中所述的要求。很多机构、收藏单位或档案馆都可以利用自身在核心领域中具备的专业技能和资源来促进完成这项工作。建议他们发挥自身核心业务领域最大优势的同时，仔细研究通过外

---

① 本章编号有误，未作修改，理由同第6章。——译者注

包来更好地完成工作，提高服务质量。

9.1.2 档案长期保存职责和收集工作

9.1.2.1 首先要做出决定的是机构是否真的需要对数字音频进行保护。一般来讲，机构收藏的音频或者音视频藏品，可能并非出于对音频资料的专业性保存的目的，而是其他目的。音频藏品实体保存、专用重放设备过时，以及数字长期保存方面日益增多的问题，都需要我们重新思考收藏和保存的政策。当有别的选择时，可以将音频藏品交给更加专业的机构。这并不意味着放弃对于藏品的所有权，作为交换，接收的档案馆应制作用来收听的副本，以不高的成本供机构内部日后使用。可以全部保留、申请部分或者全部转让所有权和使用权。

9.1.3 档案长期保存责任的分担

9.1.3.1 如果一个机构想保留其档案长期保存的职责，有多重情形均可适用，且无须放弃所有权。

9.1.3.2 一种情形是在机构内部制作数字音频对象，而将数字保存工作委托给其他机构。此情形可有多种实施方案。一种方案是由机构的多个部门共同参与数字音频和音视频文件的制作和使用，这种方案最适合学术机构和大学，这类机构一般都有一个集中的计算机中心，且往往具备管理各类数字对象的职责。数据存储设施可以承担长期保存所产生音频内容的任务。但是，这些核心参与部门需要非常熟悉数字音频对象长期保存的具体问题，制定存档文件明确的制作规则，指定录制格式、解析度、注释程序以及其他后续需要遵守的长期保存事宜。此外，这种长期保存任务也可以由私人企业完成。这种情况适合新制作的素材，具体来说包括人类学、语言学、民族音乐学和口述史等不同学科的外景录音。 138

9.1.3.3 这种情形的另外一种实施方案是，当馆藏量较大，虽然有合理的存储、转录设施和专业技术，但是现有支持数字存储设施的基础设施不够完善，不足以建设可信的数字存储。在这种情况下，机构本身只做信号提取，将数字音频对象的保存工作转包给所选的档案馆。

9.1.3.4 然而，如果机构已经收集了模拟或者老旧数字音频原件，虽然分散放置，但都属于机构所有，那么从这些原件中提取信号用以制作长期保存的数字文件可以集中由一个有专业装备的部门完成，此部门也附属于中央计算机中心。如果整个机构收藏的载体没有达到一定数量，信号提取最好外包。同理，如果机构不具备专业技能或者设备来完成专业的数字化处理，也应外包。

9.1.3.5 在任何这些场景中，如果由第三方档案馆负责数字音频对象的摄取、管理和保存，那么必须明确各个合作伙伴的角色和责任。《航空数据和信息传输系统　制作人存档接口　方法论摘要标准》（ISO 20652：2006）明确、界定并规定了信息产生者和档案馆之间的一种关系和互动。它为从信息生产者和存档机构最初接触直到档案馆收到信息对象并进行验证期间所需的行为提供了一个行为规范的方法。这些行为包括了开放档案信息系统（OAIS）参考模型（见 ISO 14721：2003）中定义的摄取过程的第一阶段。

9.1.4 临界值

9.1.4.1 音频保存领域中的临界值，是指馆藏量足够大，值得花钱自行完成所有任务。很难引用具体的数字来定义临界值。国家或地区内的专业机构越多，临界值越高。但是如果只有少数机构从事专业音频存档工作，或者根本没有，那么临界值就低。临界值还和具体的介质格式相关：粗纹唱片、细纹唱片和开盘磁带等。在发达的国家或地区，临界值至少是数千件，但是拥有数万件单一载体的机构通常会做出理智的决定，将信号提取工作外包。在不太发达的国家或地区，如果只有几千件或几千小时，还是可以自行成功完成转录工作的。

9.1.4.2 临界值还取决于不同格式内部材料的同质性。同质的藏品可以以一定程度的自动化完成转录。完全自动化系统的相关成本太高，所以建议将外包工作交给可以提供电脑控制同步转录的机构或者服务提供商去完成。如果藏品包含多种不同载体或标准（这种情况常见于研究性的收藏机构），则需要依赖可靠的人工转录。如果有能够提供专业技术支持的专家，那么在机构内部完成人工转录的成本就可能比较低。

9.1.4.3 大型、专业的音频档案馆甚至也可能会考虑把部分藏品分派给专业机构来完成转录，对于一些老旧模拟载体和数字载体而言，情况尤其如此。

9.1.5 外包

9.1.5.1 当为获取信号而将素材外包，尤其是外包给私企时，准确界定要完成的工作内容则非常重要。实现的最好方法是在合同中明确说明本指南中 IASA 提出的标准。

9.1.5.2 在外包任何音频处理工作时，建立一套高度确保恰当完成合同中所含工作任务的质量控制体系是十分重要的。这些手段的实施应基于保存元数据的严格交送，以及随机抽样检测，包括：对服务供应商的突击访问和对转录设备的检测。尤其要注意测试供应商建立的自动化和人工质量控制体系，他们运用项目管理方法管理长期合同的能力，处理类似合同和特定载体的经验，设备维护的能力，以及平衡成本和品质的能力。在开始生产层面的数字化阶段前，应开展特定的小范围测试，确保在着手开展更大规模的处理前，过程的所有环节都满足标准。

9.1.5.3 根据与藏品内容相关的法律、道德或伦理方面的约束，管理和控制对藏品的获取，是音频档案馆的职责。外包并不意味着终止这些责任。当档案素材被送至第三方开展任何音频处理的时候，必须要在合同中明确界定服务提供者工作的约束。对于具有商业版权的素材，可以参见法律条款中的约束。在涉及隐私或其他道德权利的情况下，应该明确这些权利，而且服务提供者应该表示同意遵循协议。明确在合同期满，职责结束的时候，各副本在何时，以何种方式从合作对象的存储系统中删除，并将材料和内容归还给所有者或者档案馆，也是十分重要的。

9.1.6　项目维度的量化评估

9.1.6.1　不管保存工作是在机构内部自主实施，还是部分或全部外包，严格制订的保存计划不可或缺的一个前提是对项目进行量化评估。出现严重和代价高昂的错误通常是因为低估了从原始载体中提取最佳信号所需的工作量。因此，第一步应该统计载体数量和播放时长。对于机械载体、小型磁带、光学载体来说，载体数量和播放时长之间有明确的关系。对于开盘磁带馆藏来说就更为复杂，其播放时长取决于磁带长度、录制速度以及磁迹数量。但是，有了对具体藏品的详尽了解，就可以做出一些有根有据的假设，进而做出相当准确的预估。对于文字记录不完整或没有文字记录的馆藏来说，这种情形在名人资产中常常出现，这种评估非常耗时。

9.1.6.2　一旦完成对需要转录的载体时长的评估，另一个重要因素就是其物理状况。第5章中相应部分所提及的时间因素，与保存完好程度相关。任何所需要的清理和修复手段都会大大增加转录时间，必须相应地纳入计算。

140

9.1.7　数字化的层级

9.1.7.1　IASA技术委员会的《音频遗产保护：规范、原则和保存策略》第16段中描述到：除了没有预兆就可能随时坏掉的胶盘唱片之外，对特定馆藏转录顺序的决策要考虑多方面的因素，如文件的访问要求、物理状况以及日益重要的一点——是否具备重要性越来越高的设备、零配件和专业的服务支持。“声音指南”项目开发了“FACET”工具，用于评估藏品的各个参数，以协助在相当客观和可追踪的基础上做出决策。但是，需要注意的是格式过时以及相关问题（如撤销专业服务支持，如 R-DAT 设备）迅速变化。这就要求不断地监控现状，并定期进行重新评估。

9.1.8 数字音频对象的长期保存

9.1.8.1 当开始数字保存时，数字音频对象长期存储的成本总是被低估是很常见的。笔者写作时，中等到大规模存储（大于5TB）的专业存储成本最小约为5美元/GB/年。尽管硬件成本一直在下降，但对存储藏品的管理、向新一代存储的持续迁移，以及在适当场所（洁净的房间等）中的管理，这些成本总是被低估。联合国教科文组织作为政治目标曾经要求信息技术产业实现短期内1美元/GB/年的目标，但是这个目标远未达成。一项 PrestoSpace 研究中详述的数字表明，长期存储成本趋于稳定在9美元/GB/年。鉴于数字音频对象平均需要2 GB/小时，即使未来相对较低的保存成本对很多文化机构来说仍然太高。

9.1.8.2 对于量少的藏品来说，只有小规模人工操作所涉及的劳动力不计入成本，才能实现较低的数字存储成本。系统性地使用开源软件也可以让中等规模（10～20TB）的存储需求在不久的将来实现自主开展但非全自动化的过程。绝不能低估专业人员的参与，他们能保证手动或半自动操作中档案文件的永久可用性。

9.1.8.3 一些服务提供商最近基于共同使用具备用户特定访问方案的专业大规模海量存储系统，开发了恰当的外包保存策略。费用通常取决于要存储的数字档案的规模、合同周期以及相关的服务。这对于小规模和中等规模的档案馆来说是个具有吸引力的解决方案，而对大规模的档案馆在决定对自己的存储解决方案投入资金之前，也颇有吸引力。

9.1.9 整体成本计算

9.1.9.1 在做这些决策时，最重要的可能就是成本计算。可惜，本指南无法给出通用的具体数字。内部成本很难评估，因为很多拥有音视频藏品的机构都具备可用的基础设施（房间、空调、内部网络），这些成本都会计入整体预算，因此很难计算转换和永久性数字保存的整体成本。即使在发达邻国，劳动力成本也有显著差异，关于价格的一般结论也就不具有参考性。最后，专业供应商提供的服务差异很大，取决于每个载体承载的音频数量，其保存状况以及因此开展自动处理的可能性。员工、设备和其他资源的成本通常会随着时间的推移而增加，但某些自动化工作过程的价格可能会降低。

141

9.1.9.2 鉴于与特定保存项目相关的因素有很多，本指南不会引用任何转换的价格范围。本指南建议藏品持有者深入了解所在国或所在地区的具体情况，并持续观察市场情况。

9.1.9.3 在寻求音频保存服务的价格时，必须充分准备和详细界定投标书，并仔细审查任何后续要约。对一小部分其他供应商提供的相同服务的投标，应该秉持怀疑的态度进行认真细致的检查。最后，只有在建立了严格的质量保障体系，并且严厉拒绝任何不合格的工作的前提下，才能成功管理外包。

9.1.10 总结

9.1.10.1 在总结保存计划时，强烈建议音视频藏品的拥有者将其馆藏保存的当前需求作为重新思考总体战略的契机：应审查所有情形，从通过合作开展或外包信号提取和数字长期保存工作而完全交出保存责任，到承担全部自主管理的责任。每个馆藏都不同，各机构也都处于不同的环境。由于技术的发展，所有这些情形都会随时间的推移而改变，因而难以单纯从经济角度来做决策。总的来说，强烈建议所有音视频藏品的拥有者，尤其是小规模藏品拥有者，寻求合作关系来满足保存需求。机构自身承担信号提取和数字长期保存责任的程度应与该机构或馆藏的总体目标联系起来。记忆保存机构的决策可能与研究型收藏机构有所不同，后者更在意音频文件的可用性，但其核心业务并不一定包括保证音频文件日后留存的工作过程。 142

参考文献

Al Rashid，Shahin. 2001. Super Audio CD Production Using Direct Stream Digital Technology，Internet on – line http：//www. merging. com/download/dsd1. pdf Merging Technologies/Canada Promedia Inc.

Anderson，Dave，Jim Dykes and Erik Riedel. 2003. *More than an interface — SCSI vs. ATA*，in Proceedings of the 2nd Annual Conference on File and Storage Technology （FAST），March 2003. Available online at http：// www. seagate. com/content/docs/pdf/whitepaper/D2c_ More_ than_ Interface _ ATA_ vs_ SCSI_ 042003. pdf.

Benson K. Blair（ed）. 1988. Audio Engineering Handbook，McGraw Hill，New York.

Boston，George IASA Survey of Endangered carriers，（draft）. Circulated to IASA TC Members September 2003.

Bradley，Kevin. 2001. CD – R，Case Study of an Interim Media. IASA/SEAPAAVA Conference. Singapore.

Bradley，Kevin. 2006. Risks Associated with the Use of Recordable CDs and DVDs as Reliable Storage Media in Archival Collections — Strategies and Alternatives，Memory of the World Programme，Sub – Committee on Technology Available from http：//www. iasa – web. org/.

Bradley，Kevin. 1999. *Anomolies in the Treatment of Hydrolysed Tapes：Including Non – Chemical Methods of Determining the Decay of Signals* in George

Boston (ed) Technology and our Audio Visual Heritage; Technology' s role in Preserving the memory of the world JTS 95 A Joint Technical Symposium, pp. 70 -83.

Bradley, Kevin. 2004. Sustainability Issues, APSR Report http: //www. apsr. edu. au/documents/APSR_ Sustainability_ Issues_ Paper. pdf.

Bradley, Kevin, Lei Junran, Blackall, Chris. 2007. Towards an Open Source Repository and Preservation System: Recommendations on the Implementation of an Open Source Digital Archival and Preservation System and on Related Software Development UNESCO Memory of the World, http: //portal. unesco. org/ci/en/ev. php - URL_ ID = 24700&URL_ DO = DO_ TOPIC&URL_ SECTION = 201. html.

Brock - Nannestad, G. . 2000. *The calibration of audio replay equipment for mechanical records*, in MichelleAubert and Richard Billeaud, (eds) Image and Sound Archiving and Access: the challenges of the 3rdMillenium Proceeding of the Joint Technical Symposium Paris 2000, CNC, Paris, pp. 164 - 175.

Byers, F. R. . 2003. Care and Handling of CDs and DVDs — A Guide for Librarians and Archivists, NIST Special Publication 500 - 252.

Byers, Fred R. . 2003. Care and Handling of CDs and DVDs — A guide for Librarians and Archivists (Draft) National Institute of Standards and Technology, Maryland, USA.

Casey, Mike and Gordon, Bruce. 2007. Sound Directions: Best Practices for Audio Preservation Indiana University and Harvard University http: //www. dlib. indiana. edu/projects/sounddirections/papersPresent/sd_ bp_ 07. pdf.

Copeland, Peter. 2008. Manual of Analogue Sound Restoration Techniques, British Library Sound Archive http: //www. bl. uk/reshelp/findhelprestype/sound/anaudio/manual. html.

Dack, Dianna. 1999. Persistent Identification Schemes National Library of

Australia, Canberra available on line http: //www. nla. gov. au/initiatives/persistence/PIcontents. html (accessed 7 Jan 2004).

Dempsey, Lorcan. 2005. *All that is solid melts into flows*, Lorcan Dempsey's weblog On libraries, services and networks. May 31, 2005 Internet on line, http: //orweblog. oclc. org/archives/000663. html accessed January 2009.

Dublin Core, http: //dublincore. org/.

DVD Forum. 2003. Guideline for Transmission and Control for DVD - Video/Audio through IEEE1394 Bus Version 0. 9 [Internet] DVD Forum. Available from http: //dvdforum. org/techguideline. htm (Accessed January 2008).

Eargle, John M.. 1995. Electroacoustical Reference Data, Kluwer Academic Publishers.

Engel, Friedrich. 1975. Schallspeicherung auf Magnetband, Agfa - Gevaert, Munich.

Enke, Sille Bræmer. 2007. Udretning af Deforme Vinylplader (Flattening of deformed vinyl discs), research project, The School of Conservation, The Royal Danish Academy of Fine Arts.

Feynman, Richard P.. 2000. The pleasure of finding things out, London: Penguin.

Fontaine, J. - M. & Poitevineau, J.. 2005. *Are there criteria to evaluate optical disc quality that are relevant for end - users?* AES Convention Paper. Preprint Number 6535.

Gunter Waibel. *Like Russian dolls: nesting standards for digital preservation*, RLG DigiNews, June 15, 2003, Volume 7, Number 3, http: //worldcat. org/arcviewer/1/OCC/2007/08/08/0000070511/viewer/file674. html # feature2.

Hess, Richard L.. 2001. Vignettes; Media Tape Restoration Tips — Cassette track layout Internet on - line http: //www. richardhess. com/tape/tips. htm.

King, Gretchen, (N. D.) Magnetic Wire Recordings: A Manual Including Historical Background, Approaches to Transfer and Storage, and Solutions to Common Problems, http://depts.washington.edu/ethmusic/wire1.html accessed (10 October 2008).

Klinger, Bill. 2002. Stylus Shapes and Sizes: Preliminary Comments on Historical Edison Cylinder Styli. Unpublished paper.

Kodak. 2002. Permanence and Handling of CDs, Internet on-line http://kodak.com/global/en/professional/products/storage/pcd/techInfo/permanence.jhtml (8 January 2004).

Kunej, D.. 2001. *Instability and Vulnerability of CD-R Carriers to Sunlight.* Proceedings of the AES 20th International Conference Archiving, Restoration, and New Methods of Recording, Budapest, pp. 18-25.

Langford-Smith, F (ed). 1963. Radiotron Designer's Handbook, Wireless Press, for Amalgamated Wireless Valve Co. Pty. Ltd., Sydney, Fourth Edition, Sixth Impression.

LOCKSS (Lots of Copies Keep Stuff Safe) http://www.lockss.org/lockss/Home Accessed November 2008.

Machine Readable Cataloging (MARC). Library of Congress, http://www.loc.gov/marc/.

Maxfield, Joseph P. and Henry C. Harrison. 1926. *Methods of High Quality Recording and Reproducing of Music and Speech Based on Telephone Research*, in Bell System Technical Journal 5, p. 522.

McKnight, John G.. 2001. Choosing and Using MRL Calibration Tapes for Audio Tape Recorder

Standardization. MRL (Magnetic Research Laboratories, Inc) Publication Choo&U Ver 5.7 2001-10-25, internet online http://www.flash.net/%7Emrltapes/choo&u.pdf accessed (10 Feb 2004).

McKnight, John G.. 1969. *Flux and Flux – frequency Measurements and Standardization in Magnetic Recording*, Journal of the SMPTE, Vol. 78, pp. 457 – 472.

Metadata Encoding and Transmission Standard (METS), http://www.loc.gov/standards/mets/.

Metadata Object Description Schema (MODS), http://www.loc.gov/standards/mods/.

Morton, David. 1998. Armour Research Foundation and the Wire Recorder: How Academic Entrepreneurs Fail, *Technology and Culture* 39, no. 2 (April 1998, pp. 213 – 244.

Open Archives Initiative — Protocol for Metadata Harvesting (OAI – PMH) http://www.openarchives.org/.

OAI/openarchivesprotocol.html Accessed November 2008.

Osaki, H.. 1993. *Role of Surface Asperities on Durability of Metal – Evaporated Magnetic Tapes* in IEEE Trans on Magnetics 29/1 Jan 1993.

Paton, Christopher Ann, Young, Stephanie E., Hopkins, Harry P. & Simmons, Robert B.. 1997. *A Review and Discussion of Selected Acetate Disc Cleaning Methods: Anecdotal, Experiential and Investigative Findings* in ARSC Journal XXVIII/i

Plendl, Lisa. 2003. Crash Course: Keeping The Trusted Hard Drive More Reliable Than Ever, The Ingram Micro Advisor, Internet online http://www.macadept.com/images/didyouknow.pdf (accessed 8 Jan 2004).

Powell, James R., Jr. & Stehle, Randall G.. 1993. *Playback Equalizer Settings for* 78 *rpm Recordings*, Gramophone Adventures, Portage MI, USA.

PREMIS (PREservation Metadata: Implementation Strategies) Working Group. 2005. http://www.oclc.org/research/projects/pmwg/ Accessed November 2008.

Ross, Seamus and Ann Gow. 1999. A JISC/NPO Study within the Electronic Libraries (eLib) Programme on the Preservation of Electronic Materials, Library Information Technology Centre, London. Available on line http://www.ukoln.ac.uk/services/elib/papers/supporting/pdf/p2.pdf (accessed 7 January 2004).

Rumsey, Francis and John Watkinson. 1993. The Digital Interface Handbook Focal Press, Oxford, UK.

Schüller, Dietrich (ed) IASA - TC 03. 2005. The Safeguarding of the Audio Heritage: Ethics, Principles and Preservation Strategy, International Association of Sound and Audiovisual Archives, IASA Technical Committee, Version 3, September 2005, internet online http://www.iasa-web.org/downloads/publications/TC03_ English.pdf accessed (January 2009).

Schüller, Dietrich. 1980. *Archival Tape Test.* Phonographic Bulletin 27/1980, pp. 21-25.

Slattery, O., Lu, R., Zheng, J., Byers, F. & Tang, X.. 2004. *Stability Comparison of Recordable Optical Discs — A Study of Error Rates in Harsh Conditions*, Journal of Research of the National Institute of Standards and Technology. NIST.

Tennant, Roy. 2004. A Bibliographic Metadata Infrastructure for the 21st Century, in Library Hi Tech, vol 22 (2), pp. 175-181.

Tennant, Roy. *The Importance of Being Granular*, Library Journal 127 (9) (May 15, 2002) p.: 32-34, http://libraryjournal.reviewsnews.com/index.asp? layout=article&articleId=CA216337.

Trock, J.. 2000. *Permanence of CD-R Media*, in Aubert, M. & Billeaud, R. (Eds.) The Challenge of the 3rd Millennium JTS 2000. Paris.

Trustworthy Repositories Audit and Certification (TRAC): Criteria and Checklist http://www.crl.edu/.

content. asp? l1 = 13&l2 = 58&l3 = 162&l4 = 91.

Watkinson, John: 1991 R – DAT Focal Press.

Webb, Colin. 2003. Guidelines for the Preservation of Digital Heritage UNESCO Memory of the World, Internet on – line http: //unesdoc. unesco. org/images/0013/001300/130071e. pdf [November 2003] .

Wheatley, P. . 2004. Institutional Repositories in the context of Digital Preservation. DPC Reports. Digital Preservation Coalition.

Wright, Richard and Adrian Williams. 2001. *Archive Preservation and Exploitation Requirements*, PRESTO – W2 – BBC – 001218, PRESTO – Preservation Technologies for European Broadcast Archives 2001 Internet on – line, http: //presto. joanneum. ac. at/Public/D2. pdf.

索 引

P

Q

R

图书在版编目(CIP)数据

数字音频对象制作和保存指南：第二版 / 国际音像档案协会技术委员会编；蔡学美编译．--2 版．--北京：社会科学文献出版社,2019.3

书名原文：Guidelines on the Production and Preservation of Digital Audio Objects, Second Edition

ISBN 978-7-5201-3915-1

Ⅰ.①数… Ⅱ.①国… ②蔡… Ⅲ.①数字音频技术-指南 Ⅳ.①TN912.2-62

中国版本图书馆 CIP 数据核字(2018)第 257235 号

数字音频对象制作和保存指南(第二版)

编　　者 / 国际音像档案协会技术委员会
编　　译 / 蔡学美

出 版 人 / 谢寿光
责任编辑 / 王玉敏　陈旭泽

出　　版 / 社会科学文献出版社·联合出版中心(010)59367153
　　　　　地址：北京市北三环中路甲 29 号院华龙大厦　邮编：100029
　　　　　网址：www.ssap.com.cn
发　　行 / 市场营销中心(010)59367081　59367083
印　　装 / 三河市尚艺印装有限公司

规　　格 / 开 本：787mm×1092mm　1/16
　　　　　印 张：14.5　字 数：206 千字
版　　次 / 2019 年 3 月第 1 版　2019 年 3 月第 1 次印刷
书　　号 / ISBN 978-7-5201-3915-1
定　　价 / 149.00 元

本书如有印装质量问题，请与读者服务中心(010-59367028)联系